KB114952

THE:TABLE CHOCOLATIER SERIES ❷

CHOCOLATE BEVERAGES

카페 운영을 위한 '진짜' 초콜릿 음료 레시피 40

르쇼콜라 백승환 지음

CHOCOLATE BEVERAGES

카페 운영을 위한 '진짜' 초콜릿 음료 레시피 40

초판 1쇄 인쇄 2019년 12월 20일
초판 1쇄 발행 2020년 1월 3일

지은이 백승환
펴낸이 한준희
발행처 (주)아이콕스

기획·편집 박윤선
디 자 인 장지윤(lalala_yoon@naver.com)
사 진 김남헌(B612 스튜디오), 박성영(393Photography)
스타일링 이화영(foodstylist_hy@naver.com)
영업·마케팅 김남권, 조용훈
영업지원 김진아

주소 경기도 부천시 중동로 443번길 12, 1층(삼정동 297-5)
홈페이지 http://www.icoxpublish.com
인스타그램 @thetable_book
이메일 thetable_book@naver.com
전화 032) 674-5685
팩스 032) 676-5685
등록 2015년 07월 09일 제2017-000067호
ISBN 979-11-6426-068-3

· 더테이블은 (주)아이콕스의 취미·실용·예술 출판 브랜드입니다.

· 더테이블은 독자 여러분의 도서에 대한 의견과 투고를 기다리고 있습니다.
책 출간을 원하시는 분은 더테이블 이메일 thetable_book@naver.com으로 간략한 기획안과 성함, 연락처를 보내주세요.

CHOCOLATE BEVERAGES

카페 운영을 위한 '진짜' 초콜릿 음료 레시피 40

저자의 말

초콜릿의 매력에 빠지게 된 계기는, 바텐더를 하던 시절에 우연히 들어간 초콜릿 카페(고영주 선생님의 카카오봄)에서 한 잔의 초콜릿 음료를 마신 것이 시작이었습니다. 칵테일이나 다른 주류와는 다른 강렬함에 이끌려 '도대체 이것이 무엇일까'하는 궁금증과 '왜 초콜릿으로는 다른 음료를 만들기가 이토록 어려운 것일까'라는 과제를 안겨주었고, 이는 곧 초콜릿과 관련된 것이라면 날밤을 새서라도 독학하게 된 원인이 되었습니다. 10여 년이 지나고 나서 쓰게 된 이 책은 제 개인적 궁금증을 대략적으로나마 해소하고 정리한 결과물이며, 1인 카페를 1만 시간 가까이 홀로 운영한 기록이기도 합니다.

편하게 집에서 취미 삼아 레시피 몇 가지를 만들어 책으로 소개할 수는 있겠지만, 직접 경험하지 않은 것을 가지고 글을 쓰고 좋은 메뉴로 포장하고 싶지는 않았습니다. 아무리 음료를 잘 만든다고 해도, 정작 그 음료가 시장에서 좋은 반응을 얻을지는 직접 판매해보고 손님의 의견을 들어보지 않으면 모르는 일이기 때문입니다. 게다가 카페 운영이라는 것이 밖에서는 안락하고 우아해보일지 몰라도, 정작 그 일에 뛰어들면 도로 뛰쳐나가고 싶을 만큼 힘든 일이라는 것은 경험해 본 사람들이라면 누구나 다 아는 사실입니다. 카페를 시작한 순간부터 반경 50m 내에 있는 수많은 다른 카페들과의 경쟁뿐만 아니라, 생계 수단으로 삼은 이상 하루하루 메뉴에 대한 고민을 끊임없이 이어나가야 하기 때문입니다.

이를 위해 단순 직원으로서의 입장이 아니라 카페의 처음부터 끝까지 모든 것을 도맡아서 홀로 운영해야 하는 사장의 입장이 되어보고자, 매일 새벽에 일어나 하루 14시간 이상을 버틸 만큼의 체력을 위해 운동을 하고 아침 8시가 되기 전에 카페를 열고 늦은 저녁에 마감을 하는 생활을 본격적으로 시작했습니다. 그리고 카페 운영을 하면서 얻은 경험과 생각을 언젠가 쓰게 될 책의 소재로 삼기로 마음먹었습니다.

처음엔 신사동에서 왜 카페가 쉽게 생기고 사라지는지에 대한 해답을 찾고자 기업/양산형 프랜차이즈 카페를 운영하며 소비자들의 반응을 살폈고, 그리고 나서 프랜차이즈 카페가 즐비한 경희대 부근에 르쇼콜라 카페를 열고 기존의 카페와는 다른 차별성을 여러 가지 방법으로 시험해보았습니다.

결론부터 말씀드리자면, 레시피 책을 출간하면서 아이러니하게도 레시피를 전달하는 것에만 목적을 두고 싶지는 않습니다. 여기에 소개된 내용들은 저에게 한정된 이야기이며, 각각의 음료들은 저와 손님, 사람과 사람 사이에서 일어난 '특별한 관계가 만들어 준 특별한 결과물'이기 때문입니다. 결국 자신이 머무른 공간에 어느 누군가가 찾아왔을 때, 어떻게 관계를 맺고 이어가느냐가 더 중요한 것이 될 수 있습니다. 이 책에 등장하는 손님들은 르쇼콜라 카페 안에서 함께 추억을 만들었고 지금까지도 좋은 인연을 이어가고 있습니다. 개인적으로 가장 큰 바람이 있다면, 이 책을 읽고 나면 '카페는 손님과 함께 만들어가는 공간'이며, '카페의 인기는 손님이 만들어 주는 것'이라는 점을 첫 번째로 느끼셨으면 하는 것입니다.

르쇼콜라 카페 카운터에는 아래와 같은 문구가 늘 세워져 있었습니다.

"르쇼콜라의 모든 음료는 커피를 제외하고 제조 시간이 5분 이상 소요됩니다. 밥 한 끼 가격과 맞먹는 음료를 만들면서 이 정도 시간과 정성은 최소한이라 생각합니다. 음료도 요리입니다."

이 책을 참고하여 활용하는 여러분은 저와는 상황이 많이 다르겠지만, 분명한 것은 좋은 재료로 정성껏 만든 음료는 손님이 먼저 알아본다는 것입니다. 여기에 수록된 레시피는 기업/양산형 프랜차이즈에서는 채택하기 어려운 방식입니다. 기업/양산형 프랜차이즈에서는 대부분 원가 절감을 위해 값싼 재료로 만들기 때문에 타산이 맞지 않기 때문입니다. 현재 우리나라에 현존하는 카페 수가 8만여 개에 이를 정도로 포화 상태인 것은 누구나 하루 정도면 간단한 재료 몇 가지로 음료 제조 방법을 쉽게 익힐 수 있어, 어느 누구라도 비슷한 수준의 맛을 낼 수 있기에 다른 업종에 비해 진입 장벽이 낮아진 이유도 한 몫 하고 있습니다. 이런 악조건 속에서도 오히려 개인 카페가 더 좋은 재료를 사용하여 일반적인 기대치를 훨씬 뛰어넘는 음료를 만들면, 기꺼이 그 맛에 대한 대가를 지불하고 소비자들이 적극적으로 찾게 될 것입니다.

첫 번째 책 『다크 초콜릿 스토리』가 진짜 초콜릿이 무엇인지 알리기 위함이라면, 두 번째 책 『CHOCOLATE BEVERAGES』는 파우더나 시럽 등의 '당류가공품'으로 만든 '초콜릿 향' 음료가 아닌, 진짜 초콜릿으로 만든 고급 음료를 널리 알리고자 함에 있습니다.

카페를 운영하는 분들에겐 '진실한 노동을 통한 정당한 대가를 받을 수 있는 고급 메뉴'의 힌트가 되기를, 소비자들에게는 '진짜 초콜릿이 주는 진정한 위로'를 알아볼 수 있는 안목이 이 책을 통해 만들어지기를 진심으로 기대합니다.

또한, 초콜릿을 탐구하는 분들에게도 조금이나마 도움이 되었으면 합니다.

책을 만든다는 것은 인생의 작은 흔적이자 증거를 남기는 일이라고 생각합니다. 르쇼콜라 카페를 운영한 기간 동안은 제가 초콜릿 길을 걸으면서 가장 행복한 순간이었고, 이 곳에서 만난 소중한 인연들과의 추억을 이 책 곳곳에 남기는 것으로 감사 인사를 대신하고자 합니다.

이 책을 펴낼 수 있도록 많은 도움과 응원을 보내주신

카라멜리아 이민지
카카오빈 김보완
쇼콜리디아 김현화
뤼미에르 쇼콜라티에 이송이
쁘띠그랑 이수희
딥오리진 신준, 이승은
베리커리베이커리 최진영
블랑제리11-17 윤문주
JL 디저트바 이준원
히든테이스트 우준석
(주)제원인터내쇼날 최창훈
발로나코리아 최영윤
레 베르제 브와롱 우재연
(사)한국국제소믈리에협회 유병호
포토그래퍼 김남헌, 박성영
스타일리스트 이화영
더테이블 박윤선

비록 전부 소개하지는 못했지만 르쇼콜라의 음료 아이디어를 제공해주신

김샛별, 권근호, 권오준, 이현빈, 김수신, 이새환, 임웅빈, 신주영, Emi, Kelly, 송하와, 송하다, 송하늬, 김강욱, Mikah, 강태리, 이지산, 김보은, Jessie Li, 신혜영, 목은혜, 김승연, 이소영, 송웅도, 이지수, 장새롬, 허다솜, 김준홍, 마리나, 이미지, 도예은, 박재희, 이성준, 강민지, 최현태, 문승호, 김유진

마지막으로
사랑하는 부모님과 나의 가족
르쇼콜라를 애정 어린 손길로 만들어주신 망치든형제
그리고, 르쇼콜라를 찾아주셨던 모든 손님께 진심으로 감사드립니다.

#르쇼콜라두번째책 #초콜릿음료레시피 #부지런한르쇼콜라 #끈기와인내력이유일한무기

contents;

Part 04

맛있는 초콜릿 음료를 위한 기본 이론

Part 05

Hot Chocolate Recipe

contents;

Part 06

Iced Chocolate Recipe

Part 07

Chocolate Cocktail Recipe

Part 01

도구와 재료

Tools & Ingredients

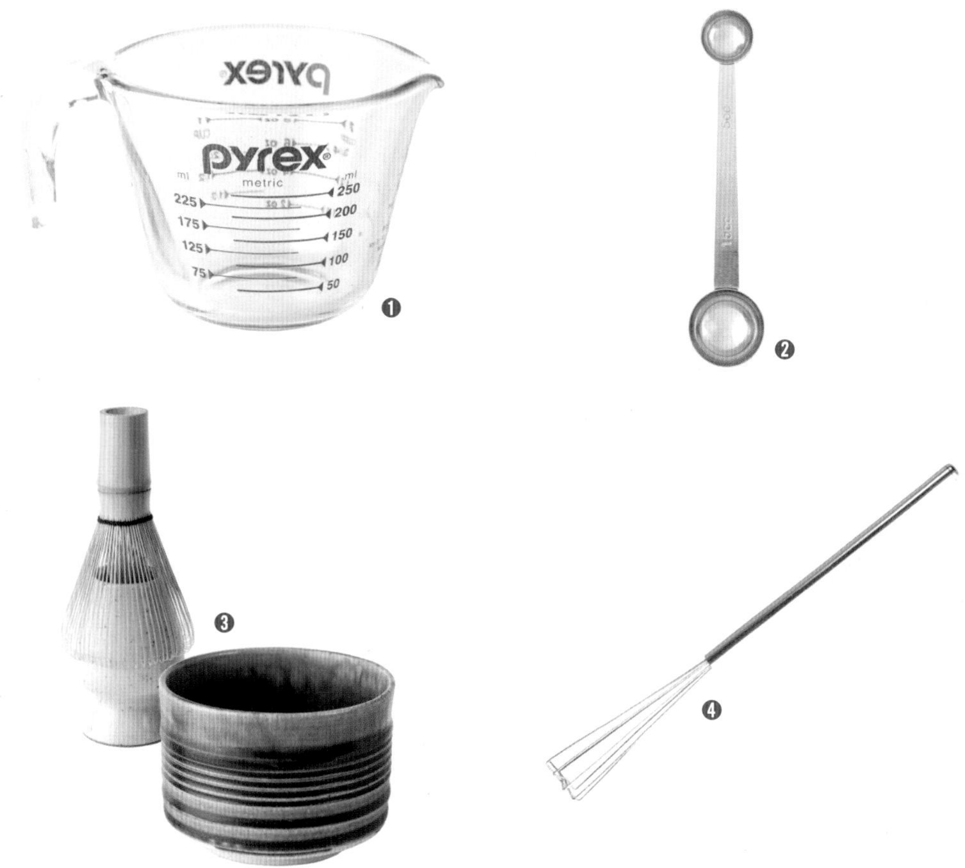

❶ 계량컵

내열 강화 유리로 되어 있어 뜨거운 음료를 만들기에 적합하다. 초콜릿 음료는 우유 단백질의 유화력을 이용하여 교반하는 과정이 필요하므로 냄비보다는 단위 면적이 좁은 계량컵 안에서 빠른 속도로 최대한 많이 저어주어 단백질과의 잦은 접촉을 시키는 것이 강제 혼합에 유리하다. 알칼리염이 첨가된 초콜릿과 스테인리스 재질이 만나면 금속 이온 결합에 의해 음료에서 금속취가 생길 수 있는 단점도 보완할 수 있다.

❷ 계량스푼

파우더 재료를 5ml, 15ml 단위로 계량할 때 사용한다. 내용물을 가득 담은 후 스틱 등으로 윗면을 깎아내어 정확히 계량한다.

❸ 차선茶筅/다완茶碗

맛차 가루를 물과 함께 격불*할 때 사용한다. 차선은 대나무의 쪼개진 살의 개수에 따라 60~120본으로 종류가 다양하며 살이 많을수록 작업성이 좋아진다. 격불은 본래 녹찻잎을 물리적으로 상처를 내 주요 성분인 카테킨을 활성화시켜 향을 크게 하는 것이 목적이므로, 다완의 바닥이 미세한 요철 형태의 거친 면으로 되어 있는 것이 좋다.

*격불(擊拂) - 차선을 빠르게 저어 거품을 내는 것

❹ 삼각거품기

좁은 면적에서 빠르게 저어주는 도구로 초콜릿 음료 한 잔을 신속하게 만들기에 용이하다. 역시 스테인리스와의 마찰은 금속 이온 결합을 촉진시키므로 유리 재질과 함께 사용하는 것이 좋다.

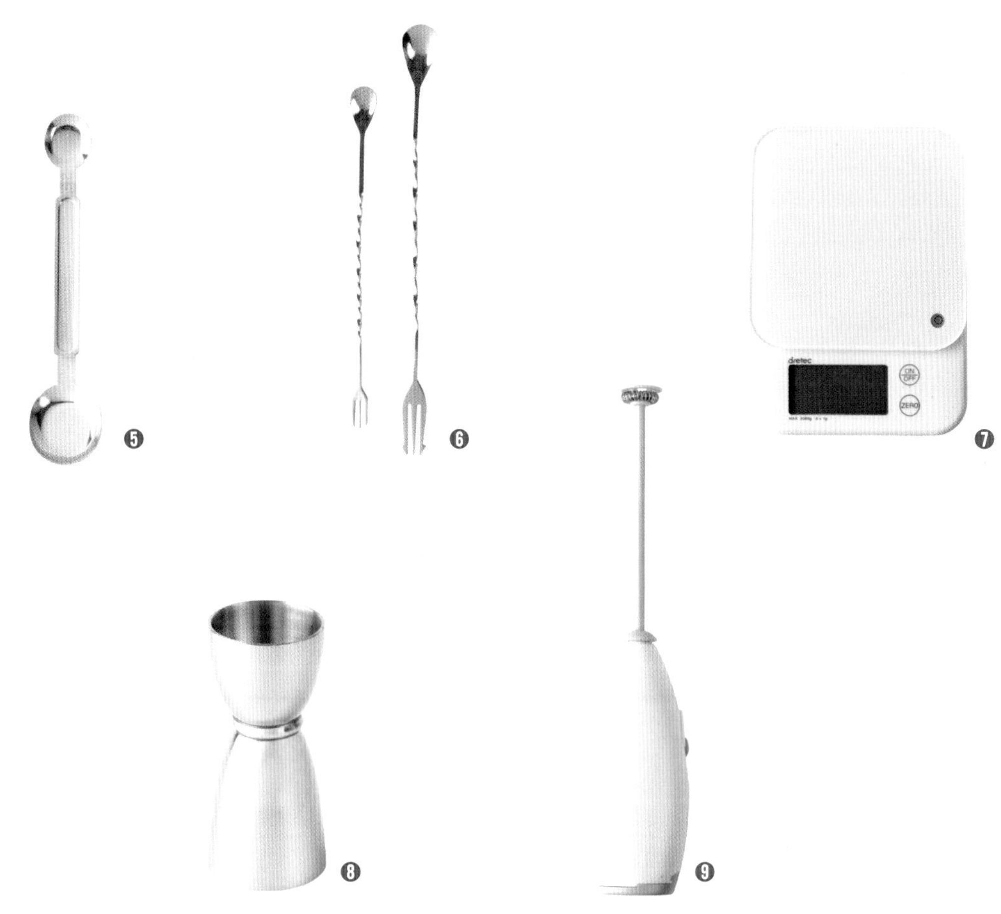

❺ 양면 계량스푼

넓은 바닥 면으로 된 계량스푼으로 한 번에 많은 양의 분쇄된 재료를 덜어낼 때 사용한다.

❻ 바 스푼bar spoon

파우더 형태의 재료를 덜어 가니쉬하거나, 음료를 스터링*할 때 사용한다. 긴 바 스푼은 블렌더 바닥에 있는 점성이 높은 음료를 컵으로 옮길 때 용이하다. 포크로 된 부분은 레몬 슬라이스를 찍어 옮길 때 사용한다.

*스터링(stirring) - 바 스푼을 사용하여 음료를 빠르게 젓는 것

❼ 전자저울

부재료 첨가의 정확한 계량과 아이스 초콜릿 베이스 소분 시 중량 측정을 위해 사용한다.

❽ 지거&포니jigger&pony

리큐어 등 액상의 재료를 계량할 때 쓰는 도구로 1.5oz 이상 부분을 지거, 1oz(온스, 약 28.35ml) 부분은 포니라고 칭한다.

❾ 밀크 포머milk foamer

음료 가니쉬용 크림을 제조할 때 사용한다. 모터와 연결되어 회전하는 부분이 두꺼울수록 전달되는 에너지 또한 커지고, 이에 따라 휘퍼와 재료 간의 마찰력 또한 커지므로 유화력을 쉽게 발생시킬 수 있다. 크림 제조 시 당분을 포함한 알코올이나 퓌레를 첨가하면 보다 쉽게 점성을 증가시킬 수 있다.

❶ 스트레이너(거름망)strainer
스팀 밀크에 우려낸 티 또는 향신료를 걸러내기 위한 도구이다.

❷ 프렌치 프레스french press
보통은 커피나 차를 추출하는 용도이지만, 본문에서는 우유를 반복 프레싱하여 크림과 같은 질감으로 만들 때 사용한다. 폴리카보네이트 또는 스테인리스 재질보다는 유리로 된 것을 추천한다.

❸ 핸드 그레이터(강판)hand grater
치즈 또는 시나몬 스틱, 넛멕과 같은 향신료를 파우더 형태로 갈아 음료 위에 가니쉬할 때 사용한다.

❹ 소분 용기(300ml)
아이스 초콜릿을 제조하기 위한 용도로, 전자레인지 사용이 가능한 PP 재질 또는 실리콘 재질로 된 것을 사용한다. 블렌더에서 분쇄가 용이하도록 적당한 지름과 높이를 선택한다.

❺ 핸드 블렌더hand blender

3리터 이상의 대용량을 한 번에 제조하기 위한 용도로 초콜릿 베이스에 본체가 잠기지 않도록 길이가 길고 입자를 최소화시킬 수 있도록 칼날 회전력이 향상된 제품(750~1000W)을 사용하는 것이 좋다. 본체는 탈착식으로 되어 있어 거품기나 견과를 다질 수 있는 푸드 프로세서와 결합하여 다용도로 활용할 수 있다.

❻ 폰당 디스펜서fondant dispenser

제과용 반죽 등을 소분하기 위한 기구로 초콜릿 음료 용도로도 적합하다. 손잡이 부분에 각기 다른 구경의 분출구가 부착되어 있어 용도에 맞게 선택할 수 있다.

❼ 블렌더blender

냉동된 아이스 초콜릿 베이스와 부재료 등을 함께 분쇄하기 위한 용도로, 본문에서는 일반 카페에 널리 보급된 알레소 믹서기를 기준으로 시연하였다. 칼날은 십자 형태로 된 것이 작업성이 좋고, 분쇄 시 피처 내부에서 초콜릿 베이스가 심하게 튈 수 있으므로 2리터 이상의 넉넉한 용량을 선택하는 것이 좋다. 빙질이 단단한 초콜릿 베이스를 바로 투입하면 칼날이 손상될 수 있으므로 전자레인지 가열로 충분한 균열을 발생시킨 후 사용한다.

칼리바우트
그라운드 다크 초콜릿

백설탕, 카카오매스 47%, 저지방코코아파우더 5.5%

커버추어 다크 초콜릿을 파우더 형태로 분쇄한 음료 전용 제품

반후텐 리치
딥 브라운 코코아파우더

카카오매스 100% (카카오버터 함량 52~56%)

압착을 하지 않아 카카오버터 함량이 매우 높은 무설탕 코코아 파우더

칼리바우트
그라운드 화이트 초콜릿

카카오버터 20.6%, 설탕, 전지분유(우유)

커버추어 화이트 초콜릿을 파우더 형태로 분쇄한 음료 전용 제품

카카오바리
탄자니아 오리진

카카오매스 69.5%, 카카오버터 9%, 설탕, 천연바닐라분말

높은 카카오매스 함량에서 돋보이는 뚜렷한 카카오 향과 과일(fruity)과 같은 적절한 산미가 어우러진 제품

발로나
스트로베리 인스피레이션

카카오버터 최소 37%, 딸기 14.2%, 설탕 47%, 지방 39%

천연 딸기에 카카오버터를 더해 만든 제품으로, 화이트 초콜릿에 딸기를 혼합한 기존 방식에 비해 우유취가 없어 딸기의 맛과 향, 색깔까지 훨씬 뚜렷한 표현이 가능하다.

발로나
프람보아즈(라즈베리) 인스피레이션

카카오버터 최소 35.9%, 라즈베리 분말 11.5%, 설탕 52%, 지방 37%

다크 초콜릿뿐만 아니라 화이트 초콜릿과도 잘 어울리는 라즈베리 플레이버 제품으로 코팅뿐만 아니라 가나슈 용도로도 적합하다.

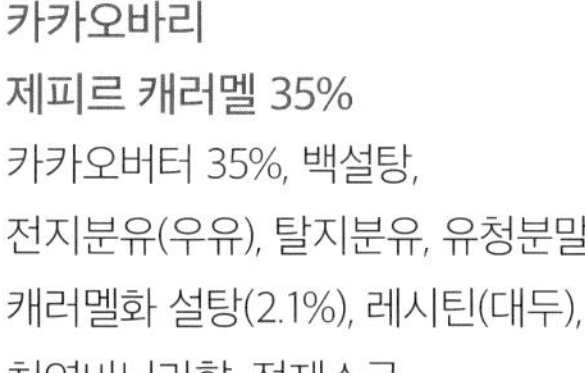

카카오바리
제피르 캐러멜 35%
카카오버터 35%, 백설탕,
전지분유(우유), 탈지분유, 유청분말,
캐러멜화 설탕(2.1%), 레시틴(대두),
천연바닐라향, 정제소금

CBS®(Caramel au beurre salé,
꺄라멜 오 뵈르 살리)라 불리는
'소금 버터 캐러멜'을 연상시키는
화이트 커버추어 초콜릿

카카오바리
플뢰르 드 카오 70%
카카오매스 62.5%, 백설탕,
카카오버터 10%

강렬한 카카오의 쌉쌀한 느낌과,
꽃향기(flowery)로 표현할 수
있는 플레이버가 돋보이는
커버추어 다크 초콜릿

카카오바리
블랑 사틴
카카오버터 30.5%,
탈지분유(우유), 백설탕, 유지방,
레시틴(대두), 천연바닐라향

카카오바리의 대표 커버추어
화이트 초콜릿으로 천연 바닐라
향에 의해 달콤한 느낌이 더욱
강조된 제품

발로나
패션프룻 인스피레이션
카카오버터 최소 32%,
패션프룻주스 17.3%, 설탕 49.3%,
지방 34%

패션프룻의 새콤달콤한 느낌을
그대로 초콜릿에 옮겨온
제품으로, 다른 열대과일과
페어링하기에 적합하다. 차가운
음료로 만들면 산뜻한 느낌이
크게 강조된다.

발로나
유자 인스피레이션
카카오버터 최소 34.4%, 유자주스
2.4%, 설탕 55%, 지방 38%

유자청이나 유자를 직접 사용하지
않고서는 낼 수 없었던 고유의
플레이버를 손쉽게 낼 수 있는
제품

발로나
아망드(아몬드) 인스피레이션
카카오버터 최소 30%, 아몬드
31%, 설탕 38%, 지방 42%

고소한 아몬드를 부드러운
질감으로 표현할 수 있는 제품.
아몬드를 포함한 다른 견과와도
적절히 매치시켜 사용하기에
적합하다.

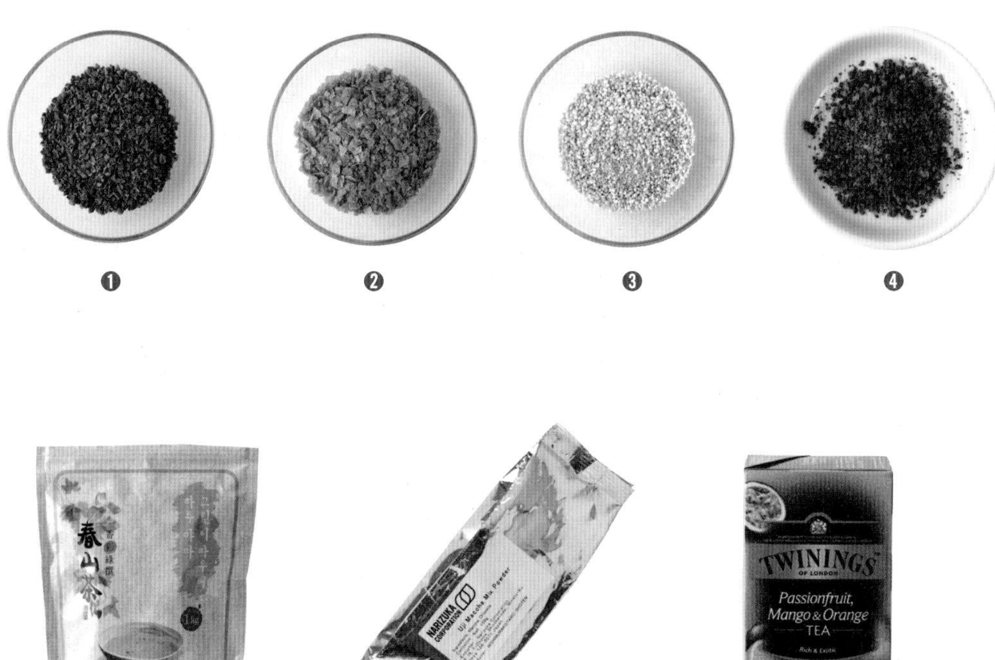

❶ 카카오닙스cacao nibs

껍질이 제거된 상태로 잘게 분쇄된 카카오빈을 말하며, 감미도가 높은 음료에 적절히 첨가하면 쓰고 떫은맛 덕분에 전체적으로 균형 잡힌 음료를 만들 수 있다.

❷ 파에테포요틴 Pailleté Feuilletine

다양한 디저트에 바삭한 식감을 주기 위해 쓰이는 프랑스식 크레페 조각이다.

❸ 프랄린그레인 Praliné Grains

캐러멜라이즈하여 분쇄시킨 헤이즐넛으로 본문에서는 음료의 가니쉬로 사용했다.

❹ 고춧가루

본 레시피에서는 매운 핫초콜릿의 가니쉬로 사용했다.

❺ 하루야마 맛차(말차) 가루

가루 녹차 14%, 그래뉴레이티드 슈거 86% 표기 제품으로 일반 카페에서 녹차라테에 단독으로 많이 사용된다. 그래뉴레이티드 슈거(granulated sugar)란, 일반 백설탕 중에서도 육안으로 입자가 보이는 과립 형태를 의미한다.

❻ 나리주카 맛차 가루

설탕이 없어 특유의 쓰고 떫은맛을 낼 수 있고 화이트 초콜릿의 감미도를 조절하기에 적합한 제품이다. 맛차의 부족한 영양소를 보충하기 위한 클로렐라가 15% 포함되어 있다.

❼ 트와이닝 패션프룻 망고&오렌지 티

열대 과일의 플레이버가 복합적으로 균형 잡혀 있어 가니쉬 용도로 적합하다.

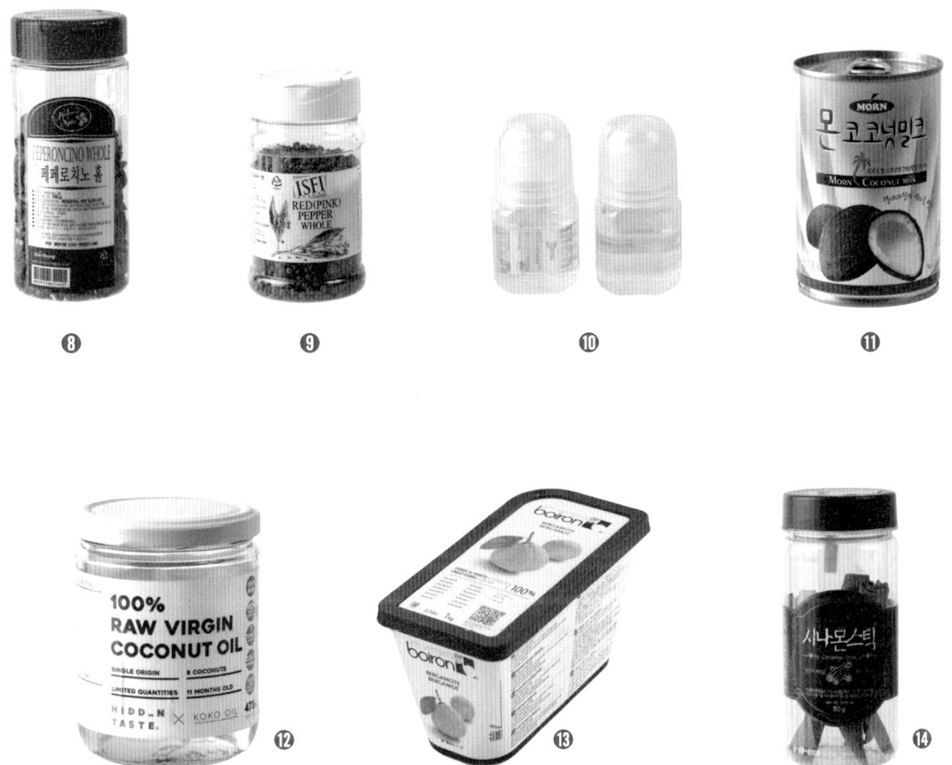

❽ 페페론치노peperoncino

이탈리아 요리에 주로 사용되는 고추로 매운 핫초콜릿을 만들 때 적당량 사용한다.

❾ 핑크 페퍼pink pepper

오미자처럼 열매의 바깥 부분은 단맛, 안쪽 부분은 쓴맛, 은은한 매운맛 등 다채로운 플레이버를 나타내는 향신료이다.

❿ 레몬/민트 오일

베이킹 용도로 만들어진 가향 오일로 재료의 특징을 더욱 뚜렷하게 표현하고 싶을 때 사용한다.

⓫ 코코넛밀크

코코넛 과육의 진액을 담은 것으로 코코넛 향을 강조하고 점성을 증가시키는 용도로 사용한다.

⓬ 히든테이스트 공정무역 코코넛 오일

카카오버터에 소량의 코코넛 오일을 첨가하면 달콤한 향을 더하고 녹는점을 낮출 수 있다. 본문에서는 비건 핫초콜릿을 위한 재료로 사용하였다.

⓭ 브와롱 퓌레

냉동 상태로 보관 기간이 길기 때문에 계절에 상관없이 과일 재료를 일정한 브릭스(Brix, 당도 및 염, 단백질, 산을 포함한 수치)로 사용할 수 있어 관련 디저트나 음료를 만들 때 항상 일관된 맛을 유지할 수 있는 장점이 있다.

⓮ 시나몬 스틱cinnamon stick

카카오만큼 강력한 항산화 물질인 프로안토시아니딘(proanthocyanidin)이 풍부한 향신로료 그레이터를 사용하여 파우더 형태로 갈아 음료 위에 가니쉬하거나 스틱을 통째로 사용한다.

❶ 그랑 마니에르 Grand Marnier
코냑에 오렌지 향을 가미한 프랑스 리큐어로 칵테일이나 제과/제빵 분야에 다양하게 쓰인다. 오렌지 껍질을 증류하여 만든 큐라소 계열 중 가장 최상위 등급의 리큐어로 가나슈를 만들 때 적당량 첨가하면 향긋한 느낌을 줄 수 있다.

❷ 드램뷰 Drambuie
60종의 스카치 위스키, 히스(heather) 벌꿀, 그리고 허브가 첨가된 약초 계열의 리큐어로 초콜릿에 적절히 사용하면 독특한 플레이버를 표현할 수 있다.

❸ 아마레토 Amaretto
'쓴맛'을 의미하는 'amaro'를 어원으로 둔 리큐어로 아몬드를 포함한 핵과(복숭아, 자두, 살구) 계열의 특징을 표현할 때 사용한다.

❹ 캄파리 Campari
이탈리아의 대표적인 식전주이자 비터 계열 중 가장 활용도가 높은 리큐어로 적절한 쓴맛을 이용하여 음료 전체의 감미도를 조절할 때 사용한다. 소화를 촉진시키는 캐러웨이(caraway)를 포함한 코리앤더(coriander, 고수), 용담 뿌리 등을 배합해서 만든다. 오렌지나 자몽과도 잘 어울린다.

❺ 콰이페 KwaiFeh
리치 향이 돋보이는 리큐어로 붉은색 베리류, 특히 프람보아즈와 잘 어울린다.

❻ 볼스 바나나 Bold Banana
바나나 향을 뚜렷하게 표현할 수 있는 리큐어이다. 1575년에 네덜란드에서 시작된 볼스는 현존하는 증류 회사 중 가장 오래된 브랜드로 손꼽힌다.

❼ 앙고스투라 오렌지 비터 Angostura orange bitter

1824년 독일 출신의 군의관이 베네수엘라의 앙고스투라에서 개발하여 붙여진 이름으로, 쓴맛이 강한 용담과에 속하는 젠티안의 뿌리 추출물과 럼을 더해 만든 약초 계열의 리큐어이다. 칵테일이나 음료에 적당량 뿌려 향을 더할 때 사용한다.

❽ 라임 주스 Lime juice

표기상으로는 언뜻 바로 음용이 가능한 음료 같지만, 라임 인공 향과 당분에 의한 점성 때문에 코디얼*에 가까운 제품이다. 과거 라임을 구하기 어려운 국내 환경에 대체품으로 많이 쓰였다. 달콤하면서도 신맛이 강한(sweet&sour) 특징이 있어 지방 성분이 많은 재료에 적당량 첨가하여 전체적인 밸런스를 맞출 때 사용한다.

*__코디얼__(cordial) - 과일 주스에 당분을 추가한 음료를 말하며 리큐어와 동의어로 쓰이기도 한다.

❾ 로즈 시럽 Rose Syrup

장미향을 추가할 때 사용하는 시럽으로, 콰이페나 프람보아즈 퓌레와 적절히 혼합하여 사용하면 산뜻한 느낌을 배가시킬 수 있다.

❿ 블루 큐라소 Bleu Curaçao

큐라소는 카리브해 네덜란드 령으로 비터오렌지의 주요 생산지다. 이곳의 오렌지 껍질을 증류시켜 만든 증류주가 다양한 형태로 발전되었는데, 세 번 증류한 트리플섹(Triple Sec), 프랑스의 쿠앵트로(Cointreau), 그랑 마니에르(Grand Marnier)와 같은 리큐어가 가장 대표적이다. 오늘날 큐라소는 증류주뿐만 아니라, 오렌지를 지칭하는 고유 명사로 쓰여 일반적인 시럽 제품에도 표기되어 있다.

⓫ 피나콜라다 믹서 Piñacolada Mixer

카리브해 칵테일 피나콜라다를 쉽게 만들 수 있는 제품으로 농축된 코코넛과 파인애플 주스 등이 포함되어 있다.

Part 02

초콜릿 음료의 역사

Chocolate Beverage History

마시는 카카오에서 마시는 초콜릿이 되기까지

<신 스페인 정복의 진상>에는 무테수마가 즐겨 마신 카카오 음료에 대한 기록이 비교적 상세히 기록되어 있다.

출처 : http://en.wikipedia.org

고대 멕시코 문명 아즈텍Aztec을 파괴한 침략자 에르난 코르테스Hernán Cortés, 1485~1547는 1528년에 카카오를 스페인에 최초로 소개한 인물이었다. 그가 멕시코 제국을 정복한 상황을 기록한 보고서 〈Cartas de Relación〉에 카카오가 몇 차례 등장하지만, 군사 및 경제적 관점에서 쓴 보고 자료였기에 카카오를 화폐 대용으로 사용하는 아몬드와 비슷하게 생긴 열매로 묘사하고, 파니캅(빵과 카카오, pan y cacao의 오기)panicap이라는 음료를 짧게 소개한 정도에 불과했다.

조금 더 자세한 기록은, 코르테스의 부하이자 원정 동료인 베르날 디아스 델 카스티요Bernal Díaz del Castillo, 1496~1584가 남긴 〈신 스페인 정복의 진상, Historia verdadera de la conquista de la Nueva España〉에 아즈텍 황제 무테수마Motēuczōma, 1466~1520가 시중을 받을 때, 순금잔에 담긴 거품이 가득한 카카오 음료를 수시로 마셨다고 묘사한 부분이다.

반 후텐은 판형 초콜릿과 코코아를 만들기 위해 거쳐야 할 카카오 처리 방법을 최초로 개발한 인물이다.

출처 : http://www.geheugenvannederland.nl

신대륙에서 가져온 카카오를 스페인 사람들이 즐겨 마시기 시작한 것은 다름 아닌 설탕 때문이었다. 쓴맛과 거부감을 줄이기 위해 첨가한 설탕은 카카오의 강한 생리작용에 달콤함까지 더해져 곧 신비스러운 음료로 자리잡았고, 여기에 향신료를 첨가하여 아즈텍인들이 마셨던 음료보다 더욱 세련된 형태로 발전시켰다. 그 후 이탈리아, 네덜란드, 프랑스, 영국 등 유럽 국가에 차례대로 카카오가 소개되면서, 이를 가공한 초콜릿과 유사한 형태가 속속 등장하였다.

특히, 프랑스의 장 앙텔므 브리야 사바랭Jean Anthelme Brillat-Savarin, 1755~1826은 '오늘날의 식품 유형과 가장 유사한 형태의 초콜릿' 정의를 〈미각의 생리학, La Physiologie du goût〉에 기록하였는데, 볶은 카카오에 설탕과 계피를 섞어 만드는 혼합물을 초콜릿의 고전적 정의라 표현하였다. 하지만 우리가 알고 있는 초콜릿보다는 거친 식감이면서 물이나 우유와 잘 섞이지 않는 고형 초콜릿[1]이었다.

코르테스가 스페인에 카카오를 들여오고 300년이 지난 1828년, 네덜란드 화학자 쿤라드 요하네스 반 후텐Coenraad Johannes Van Houten, 1801~1887이 암스테르담 특허청에 등록한 카카오 처리 공정법으로 판형 초콜릿[2]과 코코아[3]로 불리는 새로운 음료를 탄생시키는 계기가 마련된다.

반 후텐이 개발한 카카오 처리 방법은 수압식 압착기를 이용하여 카카오로부터 고형분(固形粉)과 유지(油脂)를 따로 분리하는 방법이었다. 반 후텐이 개발한 수압식 압착기는 6000psi[4]가 넘는 강한 압력으로 카카오케이크[5]와 카카오버터를 따로 분리하는 것이 가능했다.

---

1 **고형 초콜릿** : 본문에서는 로스팅한 카카오빈의 껍질을 제거하고 으깨어 손쉽게 성형할 수 있는 상태의 반죽으로 만든 후, 끓인 설탕과 견과류 등을 넣어 틀에 굳힌 초콜릿을 의미한다. 비교적 장치의 제약이 없어 가내 수공업 형태로 제조가 가능하였다. 쓴맛이 강하면서 질긴 식감이었다는 기록과 당과류 위주로 판매했던 당시 유행으로 유추해보면, 부드럽게 녹지 않는 쫀득한 캐러멜에 가까운 형태로 짐작 된다. 스위스 최초의 고형 초콜릿(1819년) 제조업자는 프랑수와 루이 카이에(François-Louis Cailler)이다.

2 **판형 초콜릿** : 본문에서는 로스팅한 카카오빈의 껍질을 제거하고 수압식 압착기를 이용하여 카카오케이크와 카카오버터로 분리, 여러 기계 장치를 통해 카카오케이크를 장시간 분쇄 및 연마하고 설탕 등의 혼합 과정을 거친 후, 여기에 다시 카카오버터를 넣은 것으로 오늘날의 초콜릿과 가장 유사하며, 본격적인 장치 산업에 의해 만들어진 초콜릿을 의미한다. 최초의 판형 초콜릿(1847년) 제조는 영국의 프라이 앤 선즈이다.

3 **카카오/코코아(cacao/cocoa)** : 'Part 03. 초콜릿 원료 정의' 참조

4 **psi(프사이, pound per square inch)** : 1평방 인치당 파운드 압력 단위로 6000psi는 약420kgf/cm^2

5 **카카오케이크(cacao cake)** : 'Part 03. 초콜릿 원료 정의' 참조

또 다른 처리 방법은 알칼리염[6]을 더하는 더치법Dutch-method[7]이었다. 카카오에 알칼리염을 더한 결과, ① 발효 과정에서 생긴 카카오의 신맛이 감소되는 효과가 있었고, ② 색상이 짙어져 상품적 가치가 높아졌고, ③ 물에 잘 풀어지는 성질까지 생겨 최초의 공업형 분말 코코아의 생산을 촉발시킨 계기가 되었다.

반 후텐의 코코아 - 더치법을 통해 발명한 코코아로 반 후텐은 오늘날까지도 코코아의 대명사로 손꼽힌다.

출처 : http:// www.thedutchstore.com

더치법에 중요한 역할을 했던 알칼리염 첨가는, 이미 1671년에 네덜란드 레이던 대학의 프란키스쿠스 실비우스Franciscus Sylvius, 1614~1672가 정립한 화학적 생리학 이론의 영향을 받은 것이다. 실비우스는 생체의 화학적 혼란, 즉 아크리모니아(라틴어로 자극적인 맛, 떫은 맛)acrimónĭa에 의해 질병이 일어난다고 주장하였으며, 산과 알칼리의 올바른 균형이 곧 건강으로 직결된다는 이론을 피력하였다.

히포크라테스의 체액병리설(體液病理說)이 기초가 되어 갈레노스Claudios Galenos, 129~199에 의해 발전된 이론과 흡사했던 실비우스의 이 이론은, 인간에게는 혈액bloed, 담즙gal, 점액slijm, 흑담즙zwarte gal의 네 가지 체액이 존재하고, 어떤 체액이 보다 많은가에 따라 기질의 변화나 질병이 일어날 수 있으며, 올바른 균형을 위해서는 산은 알칼리로, 알칼리는 산으로 다스려야 한다고 주장하였다.

---

6 **알칼리염** : 현재는 식품용 탄산칼륨(K_2CO_3, potassium carbonate) 수용액 등으로 카카오빈, 카카오닙스, 혹은 카카오케이크에에 직접 알칼리 처리를 하지만 당시 반 후텐이 사용했던 알칼리염은 어떤 것이었는지 명확하지가 않다. 아마도 수 세기 동안 가성(苛性) 칼륨과 소다(Na_2CO_3, 탄산나트륨)를 혼동했던 결과인 듯한데, 시기적으로 매우 흔해서 구하기 쉬웠던 펄 애쉬(pearl ash)라고 불리는 진줏빛 재가 가장 유력한 재료로 판단된다. 펄 애쉬는 18세기 후반 네덜란드와 교역이 활발했던 미국에서 이스트 역할을 했던 가성 칼륨이었고, 이는 일찍이 17세기 후반부터 소금 산업에 경쟁적으로 뛰어들었던 네덜란드인들이 지금의 뉴욕인 뉴암스테르담 근처에 제염소를 건설하고 소금을 대량 생산하면서 등장하였다. 당시 네덜란드에서는 청어를 절이는 용도로 바닷물로 적신 이탄(泥炭, peat)을 태워 얻은 소금을 사용하였으나 가격이 비싸고 생산량이 적었다.

7 **더치법(Dutch-method)** : 'PART 04. 맛있는 초콜릿 음료를 위한 기본 이론' 참조

마찬가지로 실비우스의 생리학 이론을 따른 반 후텐이 코코아를 간편한 음료로 개발하려 했던 것도, 공복에 먹으면 영양학적으로 도움이 되고, 식후에 먹으면 소화를 돕는 약용(藥用)의 목적을 이루기 위해서였다. 생리학 이론은 신대륙에서 들어온 모든 식재료에 적용되었고 카카오 또한 몸에 이로운지 해로운지에 대한 의견이 분분한 상태였지만 산과 알칼리의 올바른 균형을 이룬 음료로서의 초콜릿은 임파선과 체액을 정화시키는 효과까지 있다고 믿었기 때문이다.

이러한 탄생 배경을 두고 알칼리염을 더한 것이 고작 물이나 우유에 풀어지게 하려는 시도였다고 단순 평가할 것이 아니라, 생리학 이론에 근간(根幹)하여 산과 알칼리의 적절한 균형을 찾아 아크리모니아적 음식이었던 코코아를 적극 개선하려고 노력한 산물로 재평가해야 할 것이다.

덧붙여 앞으로 소개할 음료들은 반 후텐의 카카오 처리 공정법이 적용된 ‘커버추어 초콜릿’과 ‘코코아’를 활용한 ‘초콜릿 음료 레시피’임을 전제한다.

Part 03

초콜릿 원료 정의

Chocolate Ingredients

01 카카오Cacao / 코코아Cocoa

국가마다 표기 방법은 다소 차이가 있지만, 일반적으로 농장에서 수확 후 발효와 건조 과정을 거친 순수 원료 상태일 때와 1차 가공품까지만 카카오cacao로, 기계 장치를 통해 화학적 물리적 가공 단계를 거쳐 초콜릿 원료로 사용되는 2차 가공품 단계와 최종 분말 가공품은 코코아cocoa로 표기한다. 하지만 두 가지를 혼용하는 경우가 많고, 최근 국내에 출판된 초콜릿 관련 서적과 강의 자료는 대부분 카카오로 표기하고 있기 때문에, 혼동을 피하기 위해 이 책에서도 초콜릿의 원료와 1, 2차 가공품 모두 카카오로 표기하였고, 최종 분말 가공품만 코코아로 표기하였다. (단, 국내 식품공전으로부터 발췌한 내용은 '코코아'로 표기) 각 원료에 대한 설명은 FDA(미국 식품의약국) 초콜릿 관련 규정과 ADM의 드잔 코코아 매뉴얼deZaan-Cocoa Manual, 월드 초콜릿 어워즈World Chocolate Awards의 국제적 정의를 절충 의거(依據)하였다.

02 카카오빈Cacao Bean

효소 갈변화 현상을 마친 카카오빈이 본격적인 초콜릿의 재료가 되기 위해서는 일단 로스팅을 거쳐야 한다. 로스팅을 통해 카카오빈의 잔여 수분이 제거되는 과정에서 발생되는 높은 압력과 이산화탄소에 의해 허스크(겉껍질)husk 제거가 한층 수월해지고, 메일라드 반응이 본격화되면서 카카오 고유의 향과 맛이 결정되며 구체화되기 때문이다. 크래프트 초콜릿은 수작업으로 선별 과정을 거친 후 바로 로스팅을 하지만, 매뉴팩처 초콜릿은 로스팅 단계부터 GMP(우수제조관리기준)Good Manufacturing Practices의 원칙에 따라 공정을 진행한다. GMP는 원료 취득에서 생산 공정, 제품 출하에 이르기까지 전 과정에 걸친 시설 및 인력 관리에 대한 기준을 말하며, 이는 미국 FDA에 의해 도입되었고 국제 식품 규격 위원회Codex와 유럽 연합European Union에 의해 적용된 사항이다. 1995년부터 우리나라에 도입된 HACCPHazard Analysis and Critical Control Points(위해 요소 중점 관리 제도)의 경우, 2015년 4월 기준으로 식품위생법에 따른 HACCP 대상 식품에 코코아 가공품 또는 초콜릿류 등이 포함되어 있다. (전년도 총매출액이 100억 원인 영업소에 한함)

03 허스크Husk

로스팅이 끝난 카카오빈을 잘게 분쇄시켜서 겉껍질만 따로 분리한 것을 허스크라 한다. 펄프가 유실되면서 굳어진 결과인 허스크는 본래 강한 섬유상 구조로 이루어져 있어 완전하게 분쇄시키기 어렵다. 따라서 초콜릿에 혼입되면 거친 식감을 일으키므로 초콜릿 제조에 쓰이지 않는다.

농업용 멀칭(뿌리덮개)mulching이나 비료 생산에 쓰여지기도 하지만, 최근에는 곡물이나 과일 껍질에 생리 활성을 돕는 폴리페놀 성분 함량이 가장 높다는 것에 착안하여 물로 우려내어 음용할 수 있는 티백 형태 등으로 다양하게 상품화되고 있는 추세다.

04 카카오닙스Cacao Nibs

허스크가 제거된 상태로 잘게 분쇄된 카카오빈을 카카오닙스라 한다. 매뉴팩처 초콜릿의 경우 멸균을 위해 카카오닙스에 직접 고온 스팀 분사 후 로스팅을 하는 경우도 있다.

미국 FDA 규정에 따르면 전체 중량 대비 허스크의 비율은 알칼리 처리가 되지 않은 상태에서 1.75%를 넘지 않아야 하며, 만약 알칼리 처리가 된 상태라면 반드시 'Processed with alkali(알칼리로 처리)' 또는 'Processed with__ '와 함께 표기하여야 한다. (__부분은 사용된 알칼리 재료의 통상적으로 불리는 명칭을 표기)

또한, 알칼리 처리 다음 단계로 인산이나 구연산 등으로 중화 처리가 되었을 시에는 식품 명칭에 'Processed with neutralizing agent(중화제로 처리)'를 표기하여야 한다. 국내 식품공전에는 카카오닙스(식품공전 에는 '배유'로 표기)에 대한 법적 기준이 마련되어 있지 않다.

05 카카오Cacao / 초콜릿리쿼Chocolate Liquer

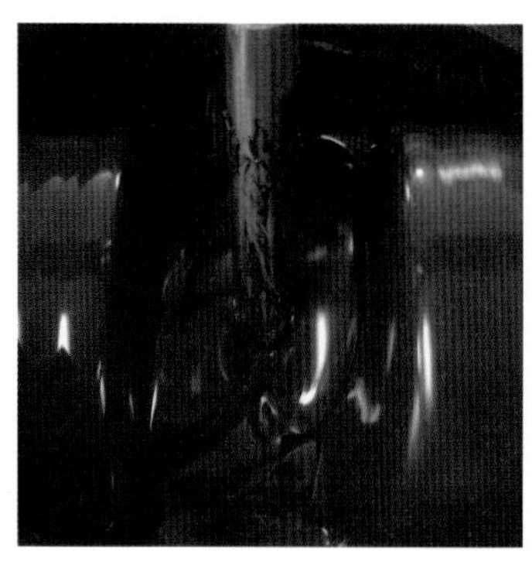

카카오닙스를 멜랑제(그라인더)를 이용하여 장시간 연마하면, 지속 반복적인 물리적 압착에 의해 지방 성분이 용출되어 액상의 상태가 된다. 이를 카카오리쿼라고 하며, 지방 비율은 전체 중량 대비 최소 50~60% 이하를 포함하고 있다. 카카오매스(덩어리)cacao mass와 같은 의미로 쓰이기도 하나, 혼동을 피하기 위해 상온에서 굳어져 고형 상태가 되었을 때 카카오매스로 표기하고, 액상의 상태가 되었을 때는 카카오리쿼로 표기하는 것이 적절하다. 카카오페이스트cacao paste는 카카오매스와 카카오리쿼의 중간 형태로, 완전한 액상이 아닌 반죽에 가까운 상태를 말한다.

카카오리쿼(매스)는 기본적으로 압착을 하지 않은 상태(카카오버터 50% 이상 함유)를 말하며, 이는 국내 식품공전 해설서에서 명시하는 바와 일치한다. 크래프트 초콜릿은 카카오리쿼 상태에서 약간의 설탕과 필요에 따라 바닐라 빈이나 레시틴 등을 추가하여 만든 가공 단계가 최소화된 초콜릿이기 때문에 카카오버터 비율이 매우 높은 반면, 매뉴팩처 초콜릿은 카카오리쿼에서 압착을 통해 카카오버터와 카카오케이크로 분리 후 각 초콜릿 제품에 요구되는 법적 기준에 따라 비율을 조절하여 생산한다.

06 카카오버터Cacao Butter

카카오빈은 거의 같은 비율의 고형분(固形粉)인 cacao solids와 유지(油脂)인 cacao butter로 구성되어 있다. 카카오빈에서 고형분을 제외하고 유지 성분만을 분리 가공한 것이 바로 카카오버터다. 반 후텐의 수압식 압착 방식으로는 최대 전체 유지의 85%까지 카카오버터를 추출할 수 있었으며 오늘날에는 압착기의 압력 증가, 원심 분리기, 헥산hexane 등을 이용하여 카카오버터를 거의 남기지 않고 추출해낼 수 있다. 초콜릿이 입안에서 부드럽게 녹는 이유는 유일하게 인체의 온도와 비슷한 온도에서 녹는 카카오버터만의 특징 때문이다.

카카오버터를 따로 추출하는 이유는 초콜릿 제조 시 부족한 카카오버터를 추가하기 위한 용도로 개별 재료화시키는 목적도 있지만, 제약 및 화장품 산업에서 높은 값에 거래되는 고급 유지이기 때문이기도 하다. 카카오버터는 초콜릿을 구성하는 성분 중 가장 값비싼 재료에 속하기 때문에 다른 식물성 유지로 대체하여 생산 비용을 줄이고 원활한 유통을 위해 녹는점을 향상시키기도 한다. 하지만 식물성 유지는 카카오버터만이 갖고 있는 부드럽고 깔끔한 질감을 대체할 수 없는 단점 때문에 미국 FDA나 유럽 CODEX 규정과 상관없이, 고급 초콜릿만을 평가하는 AOCAcademy of Chocolate, ICAInternational Chocolate Awards, WCAWorld Chocolate Awards 등은 식물성 유지를 첨가한 초콜릿을 평가 대상에서 제외한다.

07 카카오케이크Cacao Cake

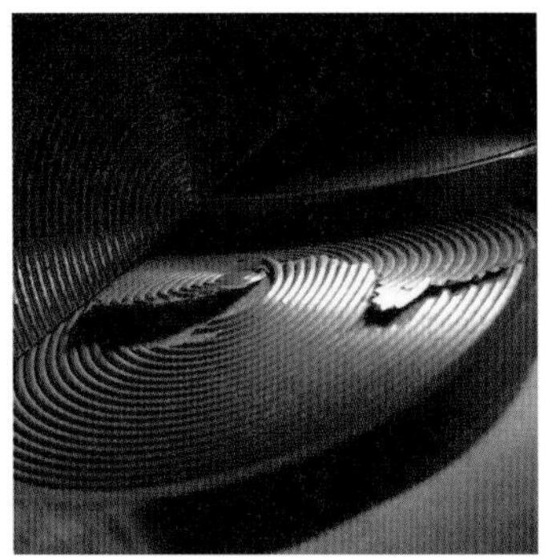

카카오케이크는 초콜릿 성분 표기 시 '코코아 고형분cocoa solids'으로 표기되는 원료이기 때문에 카카오매스와 혼동을 불러일으킬 수 있어 본문에 임의로 추가하였다. 카카오버터를 추출하고 남은 고형 상태를 카카오케이크라고 하며, 소비자를 대상으로 하는 초콜릿 관련 규정에는 존재하지 않는 공장 내에서만 통용되는 원료 명칭이다.

프랑스어권에서는 '투흐토tourteau'라고 부르며, 국내 식품공전 해설서에는 압착박(壓搾粕)으로 표기되어 있다.

가장 일반적인 수압식 압착 방식을 통해 카카오버터를 분리할 경우, 압축 시간과 압축 조건에 따라 최종적으로 생산되는 카카오케이크의 잔존 카카오버터 비율은 최초 50~60%에서 10~24%까지 줄어든다. 카카오케이크는 매뉴팩처 초콜릿에서 항상 일정 수준의 지방 비율과 균일한 품질을 유지하고 코코아파우더 제조를 위해 필수적으로 생산해야 하는 중간 제조물이다. 매뉴팩처 초콜릿 대부분은 카카오케이크를 기반으로 생산되므로 카카오리쿼(매스) 상태에서 바로 초콜릿을 제조하는 크래프트 초콜릿에 비해 카카오버터 함량이 기본적으로 낮다.

08 레시틴Lecithin

레시틴은 초콜릿에 많이 쓰이는 유화제(乳化劑)emulsifier의 일종으로 콩기름에서 대량으로 얻을 수 있는 식품 첨가물이다. 초콜릿에 유화제를 사용하는 첫 번째 목적은 점도(粘度)viscosity를 낮추기 위함이다. 단맛을 내기 위한 설탕은 카카오리쿼의 잔여 수분과 결합력이 강해 사용량에 따라 급격히 점도가 증가하게 되는데, 레시틴이 설탕의 수분 흡수를 방해하기 때문에 점도가 낮게 유지되고 초콜릿리쿼를 몰드에 투입할 때 진입이 용이해진다. 또한, 레시틴은 비용 절감의 목적으로 사용되며 부드러운 질감 향상을 위해 카카오버터 대신에 콘칭 단계에서 0.5% 미만으로 첨가된다. 레시틴이 과다하게 투입되면 자칫 미끌거리는 질감을 줄 수 있으므로 유의해야 한다. 소비자들의 유전자재조합식품(GMO)에 대한 거부감으로 인해 최근 파카리PACARI를 비롯한 몇몇 크래프트 초콜릿 제조사들은 '무유전자변형(GMO-free)' 콩으로 제조한 레시틴이나 해바라기 레시틴sunflower lecithin을 대체 사용하기도 한다.

09 코코아파우더Cocoa Powder

카카오버터를 분리하고 남은 카카오케이크를 용도에 맞게 분쇄한 분말 형태로, 카카오 처리 단계에서 최종적으로 생산되는 제조물이다. 파우더 분쇄 공정은 카카오케이크 입자를 정해진 미세 단계로 분쇄하고, 분쇄 후에는 코코아파우더의 지방을 안정한 형태로 결정화하기 위해 냉각한다. 이는 변색과 후에 포장지 내에서 덩어리가 형성되는 것을 막기 위한 것이다.

앞서 소개한 바와 같이 네덜란드 반 후텐의 카카오 처리법, 즉 더치법Dutch-method에 의해 알칼리 처리되어 수용성을 증대시킨 코코아는 더치 프로세스 코코아Dutch processed cocoa로, 알칼리 처리되지 않은 코코아는 내추럴 코코아natural cocoa로 구분한다. 초콜릿 제조 시 경도를 증가시키기 위한 목적으로 별도 추가하기도 한다.

알칼리 처리가 되지 않은 내추럴 코코아

알칼리 처리가 된 더치 프로세스 코코아

Part 04

맛있는 초콜릿 음료를 위한 기본 이론

Theory of Chocolate Beverage

01 초콜릿이 음료가 되기 위한 조건

●●● 더치법Dutch-method

19세기 초 카카오는 음료로서의 가치가 더 높았기 때문에 물이나 우유와 섞이게 만드는 것이 최대 과제였다. 독일에서도 이를 해결하기 위해 염화암모늄sal-ammoniac 등을 첨가한 도이치법Deutsch-method이 시행되었다. 네덜란드 반 후텐에 의해 개발되어 더치법이라 불리는 카카오 처리법은 과도한 유지 성분인 카카오버터를 분리하고, 알칼리염을 더한 결과로 물에 풀어지게 되었다고 여러 문헌에서 기록하고 있으나 그 자세한 과정은 전혀 알려지지 않았다. 다만, 더치법에 관한 화학적 이론은 다음과 같이 설명할 수 있다.

❶ 신맛의 감소

카카오빈은 펄프(과육)pulp가 붙어 있는 상태에서 발효를 시키는데, 이때 펄프에 포함된 당에 의해 1차적으로 에탄올 발효가 일어나고, 다시 에탄올이 산화되면서 아세트산(초산)acetic acid이 만들어진다. 발효 막바지에는 아세트산이 이산화탄소와 물로 분해되고 건조 과정에 의해 수분과 함께 나머지 아세트산도 휘발되어 pH4.5~6 정도의 약산성을 띠게 되며 이로 인해 카카오 고유의 신맛이 생성된다. 코코아 가공 시 알칼리염을 더하게 되면 중화 반응neutralization reaction에 의한 산성도 변화로 신맛이 줄어들게 되며, 알칼리 처리 농도가 높을수록 쓴맛이 증가하게 된다. 이를 설탕 등의 감미료 등으로 상쇄시켜 최종 상품화 과정을 거친다.

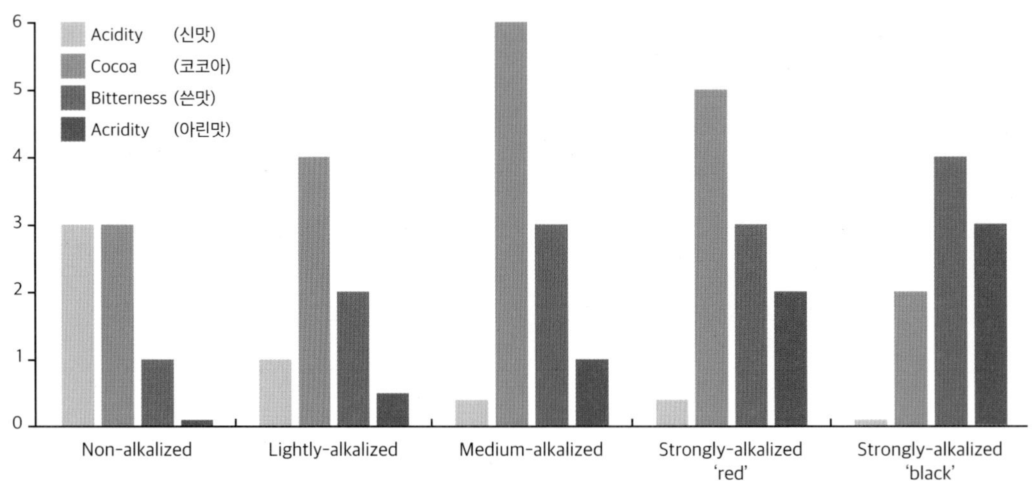

출전 : Cocoa & Chocolate Manual 40th Anniversary Edition | deZaan™

❷ 색상의 변화

코코아파우더의 색상은 카카오 폴리페놀polyphenol을 구성하는 여러 성분들이 외부적 요인에 의한 산화, 축합(縮合) 과정을 거치면서 발현된다. 그 중 플라보노이드계 플라반-3-올flavan-3-ol에 속하는 프로안토시아니딘proanthocyanidin이 비교적 많은 비중을 차지하는데 (100g당 9481.75mg, USDA자료), 물에 불용성(不溶性)인 축합형 탄닌condensed tannin으로도 분류된다. (발효에 의해) 프로안토시아니딘의 기본 골격이 되는 카테킨catechin과 에피카테킨epicatechin이 산소나 열에 의한 산화에 의하여 폴리페놀 산화 효소인 퀴논quinone을 생성하고 이로 인해 분자 간의 축합이 진행되어 적색부터 암갈색 고분자체인 플로바펜plobaphene을 형성한다. (알칼리 수용액 처리에 의해) 색소의 본체인 안토시아니딘anthocyanidin은 알칼리 수용액의 수소이온농도(pH)와 온도에 따라 황색 또는 황갈색을 띠며, 효소나 금속에 의해서도 다양하게 변화된다. (로스팅에 의해) 로스팅 단계에서는 메일라드 반응Maillard reaction에 의해 갈색 색소 물질인 멜라노이딘melanoidin이 생성된다.

결국 플로바펜의 증가량과 안토시아니딘의 변화, 멜라노이딘의 생성으로 코코아파우더의 최종 색상이 다양하게 결정된다고 할 수 있다. 항산화 작용이 있다고 알려진 프로안토시아니딘은 산화에 의한 축합이 진행될수록 분자량이 증가되어 인체 내에서 흡수가 더욱 어려워지고, 마찬가지로 안토시아니딘 또한 알칼리 수용액과 미리 결합되거나 기본 골격이 깨지게 된다. 또한 알칼리 처리 과정에서도 카카오 폴리페놀 대부분은 페녹사이드(페놀의 금속염)phenoxide로 변화된 후 퀴논으로 쉽게 산화되어 '폴리페놀 손실'을 초래한다. 단, 로스팅 과정에서 새롭게 생성되는 멜라노이딘은 항산화 작용이 있는 것으로 보고된 바 있다.

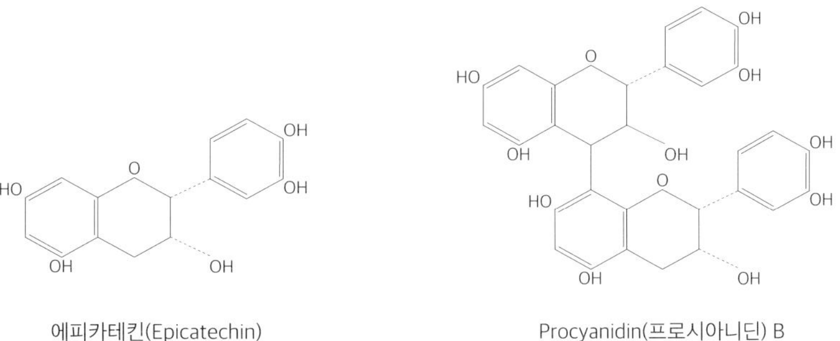

에피카테킨(Epicatechin)　　Procyanidin(프로시아니딘) B

출전 : Cocoa & Chocolate Manual 40th Anniversary Edition | deZaan™

프로안토시아니딘은 카테킨과 에피카테킨을 기본 골격으로 하는 중합체(重合體)polymer이다.

❸ 수용성의 증대

카카오 고형분을 이루는 성분들 중에는 헤미셀룰로스hemicellulose나 이와 결합된 리그닌lignin과 같은 불용성 식이섬유를 꼽을 수 있는데, 포도당 사슬이 직선으로 서로 가깝게 뭉쳐 있어 매우 강한 섬유상fibrous 구조를 만들고 있기 때문에 물에 잘 풀어지지 않는 특성을 갖게 된다. 상대적으로 중합체를 구성하고 있는 단위체(單位體)monomer의 수가 적고, 알칼리에 잘 녹는 특성 때문에 수용액 속에 염기가 존재하면 쉽게 물에 풀어지는 성질이 생긴다.

출처 : Cocoa & Chocolate Manual 40th Anniversary Edition | deZaan™

알칼리 처리로 만든 다양한 색의 코코아

●●● 에멀션Emulsion

에멀션emulsion은 젖이나 우유를 뜻하는 라틴어 '에물시오emúlsĭo'에서 유래된 단어로, 물과 지방 등으로 이루어진 카카오버터와 우유는 내부 구조에 의해 각각의 속성을 갖고 있는 에멀션의 일종이다. 카카오버터는 지방성 물질 속에 수분이 분산된 상태로 섞여 있는 유중수적형 에멀션water-in-oil emulsion, W/O이고 우유는 수분에 지방성 물질이 분산된 상태로 섞여 있는 수중유적형 에멀션oil-in-water emulsion, O/W이다. 따라서 에멀션의 첫 번째 조건은 이처럼 분산질[1]과 분산매[2]가 다 같이 액체 상태여야 한다.

---

1 분산질(dispersed phase) : 분산되어 있는 입자

2 분산매(dispersion medium) : 분산시키고 있는 용매

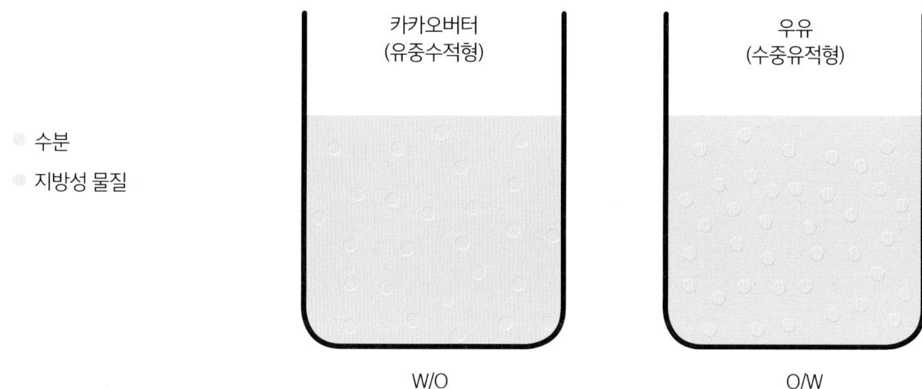

카카오버터나 우유는 장시간 가만히 두어도 분리되지 않는 콜로이드[3] 상태를 유지하는데 이것이 에멀션의 두 번째 조건이다. 결론적으로 유화emulsification란, '우유화하다', '우유처럼 되다'의 의미를 갖고 있으므로, '안정적인 콜로이드 상태의 에멀션을 이루는 작용'을 의미한다.

●●● 서스펜션Suspension

초콜릿은 에멀션인 카카오버터뿐만 아니라 카카오매스와 같은 불용성 고형분도 포함하기 때문에, 우유와 혼합된 최종 결과물이 콜로이드 입자보다 큰 고체 입자가 고루 분산되어 있는 현탁액(懸濁液) suspension 상태가 된다. 현탁액은 시간이 지나면 침전되거나 분리되기 때문에 장시간 동안 안정적인 에멀션과는 구분된다.

커버추어 초콜릿에는 유화제의 일종인 레시틴이 소량 포함되어 있다. 때문에 초콜릿과 우유로 만드는 가나슈 또는 초콜릿 음료가 서로 다른 에멀션을 혼합하여 새로운 에멀션을 만드는 유화(乳化) emulsification 작용처럼 보일 수 있겠지만, 여기서의 레시틴은 유화가 아닌 초콜릿 생산 과정에서 점도를 낮추거나 광택을 향상시키는 목적 등으로 사용된 첨가물이다.

때문에 초콜릿 현장에서 분별없이 쓰이는 '유화'라는 표현 대신, 유화 과정과 유사한 '유화적 상태' 또는 휘저어 함께 섞는다는 사전적 의미로 '교반(攪拌)'이 적절한 표현이라 할 수 있다.

---

3 콜로이드(colloid, 膠質) : 혼합물의 크기가 분자나 이온보다는 크지만 눈에 보이지 않는 1~1000nm 사이의 입자들로 구성된 것을 말한다. 즉, 콜로이드 상태는 물질의 종류보다는 입자의 크기에 의하여 결정된다. 물 분자가 끊임없이 불규칙적으로 움직이기 때문에 입자가 균일하게 퍼져 있어 어느 부분을 취해도 같은 물성을 나타낸다. 우유는 가장 대표적인 콜로이드 상태의 에멀션이다.

02 초콜릿 음료 제조 원리

초콜릿 음료를 만들 수 있는 재료는 구성 성분에 따라 '당류가공품', '준초콜릿', '초콜릿'으로 분류된다. 본문에서는 식품유형상 '초콜릿'으로 분류된 재료만을 사용한 음료 제조법을 소개하고자 한다. (준초콜릿 또는 당류 가공품은 일부 가니쉬에 사용)

일반 카페에서 많이 사용하는 당류가공품과 준초콜릿은 상대적으로 가격이 저렴하고 유화제를 포함한 여러 가지 첨가물로 인해 혼합이 쉬운 장점은 있지만, 설탕 비율이 높아 단맛이 강하고 카카오버터를 대체한 재료들이 잔여감으로 이어져 초콜릿 음료 자체에 거부감을 느끼는 요인이 된다.

반대로 초콜릿과 우유만 사용한 음료는 높은 가격에 혼합 과정은 어렵지만, 카카오버터가 단맛과 쓴맛을 순화시키므로 선호도가 높은 고급 음료를 제조할 수 있고, 유일하게 체온과 비슷한 온도에서 녹는 특성을 가졌기 때문에 대체 유지와는 차별되는 잔여감 없는 깔끔한 느낌을 표현할 수 있다.

초콜릿 음료의 중요한 제조 이론은 다음 페이지와 같이 정리할 수 있다.

식품 유형	당류가공품(제품A)	준초콜릿(제품B)	초콜릿
성분	설탕 정제수 과당 코코아 바닐라향 소브산칼륨(보존료) 정제소금 레시틴	코코아분말 백설탕 결정과당 혼합탈지분유 초코향 말토덱스트린 자당지방산에스테르 구아검 카르복시메틸셀룰로오스나트륨 카라기난 난백분 잔탄검 메타인산나트륨 제삼인산칼슘 초코플레이크 정제수	카카오매스 카카오버터 설탕 저지방코코아파우더 레시틴

❶ 초콜릿 크기는 최대한 작아야 한다

핫초콜릿은 신속한 제공이 가능하도록 최단 시간 내에 초콜릿을 녹이고 우유와 균일하게 혼합하는 것이 중요하다. 몇몇 프랜차이즈 카페가 커버추어 초콜릿 음료를 선보인 적이 있는데, 간혹 숙련도가 떨어지는 바리스타들이 만든 초콜릿 음료는 컵 바닥에 미처 녹이지 못한 초콜릿들이 그대로 남아 있는 일이 빈번했다. 스팀 피처에 커버추어 초콜릿을 넣고 가열할 때, 초콜릿이 완전히 녹는 속도보다 우유가 가열되는 속도가 훨씬 빠르기 때문이다.

커버추어 초콜릿을 사용할 시에는 최대한 작은 크기로 분쇄한 것을 사용해야 한다. 가열된 우유가 초콜릿의 중심부까지 균일한 시간 내에 도달해야 짧은 시간 내에 완전하게 녹일 수 있기 때문이다. 최근에는 이러한 단점을 보완하기 위해 커버추어 초콜릿을 미리 파우더 형태로 분쇄한 제품들도 다양하게 출시되었다.

❷ 우유 온도는 65℃를 넘지 않아야 한다

초콜릿 음료는 기본적으로 열의 도움을 받아야 만들 수 있다. 가열된 우유는 카카오버터를 빠르고 균일하게 음료에 녹여내고, 활성화된 우유의 수분 분자가 초콜릿 고형분에 침투하여 기본 구조를 해체하는 과정이 시작된다.

핫초콜릿 음료를 만들 때는 스팀 밀크의 온도를 60~65℃ 정도로 유지하고 최대 70℃를 넘기지 않는 것이 중요하다. 우유는 70℃ 이상 지속적으로 가열하면 우유에 포함된 유청 성분이 열변성으로 인하여 특유의 고소한 맛이 사라지고 가열취cooked flavor가 생성되므로 주의해야 한다.

❸ 전자레인지 가열은 핫초콜릿에 더 풍부한 느낌을 부여한다

전자레인지 내부에서 방출되는 마이크로파는, 우유에 포함된 물 분자를 구성하고 있는 전자를 고속으로 회전시켜 분자간의 진동에 의한 마찰열을 발생시킨다. 이때 초콜릿 음료 온도가 상승하는 과정에서 스팀 밀크를 만들기 위해 투입되었던 수증기와 우유 수분이 급격하게 증발되는데, 수분이 줄어든 만큼 풍부한 지방의 느낌이 뚜렷해지면서 더욱 밀도감이 느껴지는 초콜릿 음료가 만들어진다. 경험상 더운 계절에는 전자레인지를 사용하지 않고 제공하는 것이 바로 마시기에 알맞고, 핫초콜릿을 많이 찾기 시작하는 가을 초입부터는 고주파 출력 1000w 기준으로 20초 가열, 겨울철에는 30초 가열, 한파에 의해 기온이 -15℃ 전후일 때는 40초 정도 가열해서 제공하는 것이 적당하다.

❹ 초콜릿과 우유는 최대한 많이 섞어주어야 한다

초콜릿 음료가 다른 음료에 비해 만들기 어려운 이유는, 서로 다른 형태의 섞이지 않는 두 가지 에멀션(카카오버터+우유)과 불용성 고형분까지 강제로 혼합하는 과정이 필요하기 때문이다.

혼합은 우유의 단백질이 담당하게 되는데, 가열된 우유는 내열성이 약한 유청 성분이 풀리면서 강한 점성을 갖게 되고, 이를 초콜릿과 함께 반복해서 저어주면(교반) 적극적인 엉김 현상이 일어나 단시간 내에 풀리지 않는 현탁액 상태가 된다.

완성된 초콜릿 음료는 시간이 지나면 분리가 서서히 일어나는 '일시적 유화 상태(유화 과정과 유사한 상태)'이므로 음용하는 시간만큼은 초콜릿과 우유의 결합력이 안정된 상태를 유지하도록 하는 것이 중요하다.

❺ 핫초콜릿 표면에 막이 생기는 이유 - 표면장력(表面張力)

너무 뜨겁게 만든 핫초콜릿은 바로 마시지 못하기 때문에 식을 때까지 잠시 놓아두는 경우가 있다. 하지만 컵 안의 음료는 식지 않고 일정 온도까지 상승하는 단계에 놓여 있게 되는데, 이 때 핫초콜릿 표면에 '표면장력'이 발생되어 막이 형성된다. 표면장력이란, 음료 내부에 있는 물 분자들은 모든 방향에서 서로 균등한 힘이 작용하기 때문에 안정된 상태에 있지만, 공기와 접촉된 음료 표면의 물 분자들은 불안정한 상태이기 때문에 표면에 노출된 물 분자끼리 서로 응집하여 안정화 상태를 이루려고 하는 작용을 말한다.

표면장력

가열된 우유는 단백질 성분 일부가 표면에 모이게 되고, 지방 성분 또한 가열되면 지방구들이 서로 달라붙어 크기가 커진 후 표면으로 모이게 되는데, 이때 초콜릿의 불용성 고형분을 끌어안고 서로 응집하는 힘까지 작용하여 핫초콜릿 표면에 막이 형성된다. 이를 해결하기 위해서는 음료는 가급적 바로 음용 가능하도록 적정 온도로 제공하고, 최대한 많이 저어주면 표면장력이 발생하는 시간을 지연시킬 수 있다.

❻ 병입된 초콜릿 음료에서 분리가 일어나는 이유 - 계면장력(界面張力)

앞서 언급했듯이 초콜릿 음료는 시간이 지나면 침전되거나 분리되는 현탁액이고, 이는 초콜릿이 완벽한 유화 식품이 아니라는 증거이기도 하다. 유화 상태라면 장시간 동안 분리가 일어나지 않아야 하기 때문이다.

불용성 고형분을 포함한 카카오버터와 우유를 혼합한 것이 초콜릿 음료이고, 이는 서로 다른 성분이 만나는 것이기 때문에 접하는 경계면에서 액체 분자간의 힘이 작용한다. 이를 '계면장력'이라 한다. 음료 내에서 계면장력이 균일하다면 안정적 상태가 오래 유지되지만, 액체 분자간의 힘이 서로 다르다면 결국 분리가 일어나고 만다.

음료 제조 단계에서 혼합 시 가급적 입자의 크기를 작고 균일하게 만들면 액체 분자간의 힘이 비슷해지기 때문에 분리되는 시간을 지연시킬 수 있지만, 현실적으로 일반 카페에서 핸드 블렌더만으로 이러한 문제를 해결하기란 쉽지 않다. 때문에 본문에서는 초콜릿 음료 베이스를 급속 냉동시킨 후 분쇄하여 제조하는 방법을 소개하고자 한다.

cafe story

LE CHOCOLAT

무더위가 한참이던 2017년 8월, 경희대와 가까운 회기동 한적한 주택가 골목에 작은 공간 하나를 얻었습니다. 두 달 동안 간혹 지인들의 도움을 받으며 홀로 공사를 하고, 추석이 막 지나고 선선한 바람이 느껴지는 10월 중순이 되어서야 르쇼콜라 카페를 열었습니다.

그때까지만 해도 '간단한 커피 메뉴나 팔면서 초콜릿과 관련한 글을 쓰자'라고 생각하고 얻었던 공간에 불과했습니다. 글을 쓸 때는 누구보다 커피를 많이 필요로 해서, 단순하게도 차라리 카페를 여는 편이 낫다고 생각한 것입니다. 당연히 저의 개인적 사정을 모르는 손님들은 나중에 친분이 생기고 들은 얘기지만, '초콜릿은 없고 초콜릿 책과 커피만 있던 이상한 카페'로 처음 모습을 기억하고 있었습니다.

그러던 어느 날, 연재하고 있던 베이커리 잡지에 실린 광고 하나가 눈길을 끌었습니다. 다름 아닌 마시는 초콜릿을 세계 최초로 탄생시킨 '반 후텐' 코코아의 신제품 소식이었습니다. 첫 번째 책 <다크 초콜릿 스토리>에 가장 먼저 등장하는 인물이기에 책 내용을 따라가면서 초콜릿 음료를 하나씩 만들어보자고 생각했고, 회기동에 있는 동안 카페 운영에 대한 개인적인 생각과 초콜릿 음료 레시피를 정리해서 나중에 책에 담아야

겠다고 마음 먹었습니다. 그때부터 르쇼콜라는 '다양한 초콜릿 음료를 만드는 카페'라는 컨셉이 생겼습니다.

소개하는 레시피는 쉬는 날을 제외하고 470여 일간 홀로 카페를 운영하면서 직접 개발하고 판매한 초콜릿 음료들입니다. 회기동은 여러모로 저에게 큰 시험 무대였습니다. 다른 대학가 상권처럼 1년 내내 유동 인구가 많은 것도 아니고, 기업형 프랜차이즈 카페는 이미 대학교 안과 밖을 점령하고 있는 데다, 가성비로 무장한 카페까지 더하면 개인이 버티기엔 여러모로 불리한 조건들이 많은 곳이었습니다. 그럼에도 불구하고 좋은 재료로 정성껏 만들면, 여러 악조건 속에서도 음료 하나만으로 충분히 카페 운영이 가능하다는 결론과 확신을 얻었습니다. 경희대 일대에서 가장 작은 카페였지만, 초콜릿 음료만큼은 가성비를 따지지 않았고 가게를 정리할 무렵에는 회기동, 경희대, 동대문구 일대에서 평점이 가장 높은(망고플레이트 2019년 1월 기준) 카페로 기록되는 행운까지 얻었기 때문입니다.

르쇼콜라를 운영하면서 총 100가지 초콜릿 음료를 개발하였고, 그 중 카페에서 어렵지 않게 만들 수 있는 40가지 메뉴를 선정하여 소개합니다. 단순히 레시피만 전달하고 싶지는 않습니다. 100가지 초콜릿 음료를 개발하면서 100가지의 이야기를 담으려 했고, 그 중엔 단 한 분만을 위한 헌정음료도 있기 때문입니다. 요리하는 사람들에게 장사를 위한 메뉴는 금방 지치기 마련이지만, 가치 전달을 위한 메뉴는 오히려 힘이 생깁니다. 제가 생각한 의도가 손님에게 전달되고 그것이 감동으로 이어졌을 때 그것보다 큰 보람은 사실 별로 없으니까요.

Part 05

따뜻한 초콜릿 음료 레시피

일반 카페에서 커버추어 초콜릿을 녹여
핫초콜릿을 만들기는 여간 까다로운 일이 아닙니다.
시간도 오래 걸리고 초콜릿을 녹이기가 생각만큼 쉽지 않기 때문입니다.
르쇼콜라 레시피는 핫초콜릿을 가장 간편하면서
신속하게 만드는 방법을 알려드립니다.

Hot Chocolate Recipe

Dark Chocolate

르쇼콜라 카페를 열고 가장 처음 만든 기본 메뉴입니다. 카페는 어디에나 있고 초콜릿 음료도 메뉴에 대부분 있지만, 막상 '당류가공품' 또는 '준초콜릿'으로 만든 '코코아 음료'가 나오면 실망스럽습니다. 코코아 음료는 성분의 절반 이상이 설탕이고, 나머지는 약간의 초콜릿 고형분과 초콜릿 향을 이루는 재료가 차지하고 있는, 카카오버터는 거의 없는 음료를 말합니다. 수제 초콜릿 카페에서 고급 커버추어 초콜릿을 녹여 만든 음료들이 훨씬 맛있게 느껴지는 이유는 바로 카카오버터가 있고 없음의 차이에 있습니다.

때문에 르쇼콜라에 처음 오신 분들은 기본 메뉴인 다크 초콜릿을 꼭 먼저 주문해야 했습니다. 코코아는 누구나 쉽게 접할 수 있지만, 초콜릿 음료는 흔치 않기 때문에 진짜 초콜릿이 주는 강렬한 느낌을 꼭 알려드리고 싶었습니다. 코코아에서 초콜릿으로 넘어오는 일종의 첫 관문과도 같은 메뉴인 셈입니다.

처음 드시는 분들이더라도 '초콜릿에만 있는 카카오버터'가 선사하는 풍부함은 코코아에서는 느끼기 어려운 매력적인 요소라는 것을 바로 알아챌 수 있습니다. 게다가 카카오버터가 단맛과 쓴맛을 순화시키기 때문에 코코아보다 음료의 느낌도 온화합니다.

카페를 운영하는 입장에서는 막상 어떤 초콜릿을 선택해야 할지 막막한 경우가 있지만 요즘은 커버추어 초콜릿을 미리 파우더 형태로 만든 제품들이 다양하게 출시되어 간편하고 빠른 시간 내에 초콜릿 음료를 만들 수 있습니다. 소개된 방법을 따르지 않고 직접 선택한 초콜릿을 푸드 프로세서 등으로 잘게 만들어 밀폐 용기에 담아서 사용하면 본인만의 독특한 시그니처 핫초콜릿을 만들 수 있습니다.

Flavor Note

standard chocolate, sweet

pyrex
1
2
pyrex
3
pyrex
4
pyrex
5
pyrex
6
7
8

INGREDIENTS	칼리바우트 그라운드 다크 초콜릿	40g
	우유	200ml
	다크 초콜릿 컬스(농도 조절용)	적당량
VOLUME	300ml	

1 계량컵에 칼리바우트 그라운드 다크 초콜릿 40g을 담습니다.

2 커피 머신의 스팀을 이용해 우유 200ml를 60~65℃ 사이로 올려줍니다.

tip. 밀크폼을 충분히 만들어야 300ml 컵에 알맞게 담아집니다.

3 ①이 ②에 잠기게끔 우유를 넣어줍니다.

tip. 계량컵에 우유를 전부 담지 않고 초콜릿이 충분히 녹을 정도로만 담습니다.

4 삼각거품기로 잘 저어줍니다.

tip. 계량컵 벽면에 초콜릿이 남아 있는 경우가 있습니다. 삼각거품기로 긁어내어 잘 녹여줍니다.

5 전자레인지에 ④를 넣고 20~30초 가열합니다.

tip. 더운 계절에는 ④에서 바로 제공할 수 있는 적정 온도가 되지만, 겨울철(-10℃ 안팎)에는 1000w 기준 30초 가열해서 제공하는 것이 좋습니다. 겨울철 테이크 아웃으로 제공하거나 -15℃ 한파 기온에는 1000w 기준 40초 가열해서 제공합니다.

6 가열한 초콜릿을 잘 저어준 후 컵에 옮겨 담습니다.

tip1. 전자레인지에서 가열하지 않고 컵에 담을 경우 초콜릿이 충분히 녹지 않을 수 있습니다.

tip2. 스트레이너(거름망)를 사용하면 잔여감이 없는 음료를 만들 수 있습니다.

7 남은 스팀 밀크와 밀크폼을 컵에 담습니다.

tip. 스팀 밀크를 만들 때 거품을 충분히 만들어주면 더욱 부드러운 느낌의 음료가 만들어지고, 가니쉬를 쉽게 장식할 수 있습니다.

8 취향에 맞게 다크 초콜릿 컬스로 장식하고 제공합니다.

tip. 다크 초콜릿 컬스를 실온에 보관했을 경우에는 바로 제공해도 음료의 열기로 충분히 녹일 수 있지만, 냉장 보관한 상태라면 삼각거품기로 충분히 저어서 제공하는 것이 좋습니다. 다크 초콜릿 컬스 대신 블록형 커버추어 초콜릿을 필러 등으로 깎아서 장식하는 방법도 추천합니다.

NOTE : 다크 초콜릿은 초콜릿 음료를 처음 경험하거나, 단맛을 좋아하는 20대 손님에게 추천하기 좋은 메뉴입니다.

Deep Dark Chocolate

반 후텐은 1825년 코코아를 세계 최초로 개발한 이로, 초콜릿 음료와 판형 초콜릿 역사에서 빼놓을 수 없는 중요한 인물입니다. 반 후텐이 특허 등록한 '더치법'이 적용된 100% 무설탕 코코아는 다른 초콜릿과 적절히 혼합하면 단맛을 조절할 수 있습니다. 리치 딥 브라운은 '코코아'이지만, 압착 과정을 거치지 않아 카카오버터 함량이 무려 52~56%에 이르는 고급 코코아로, 수용성도 뛰어나 우유나 물과도 쉽게 섞이는 성질이 있어 음료로 적합합니다. 앞서 소개한 '다크 초콜릿'이 단맛을 좋아하는 분들을 위한 음료라면, '딥 다크 초콜릿'은 단맛과 쓴맛이 적절히 어우러져 단맛을 기피하는 중년층 이상 분들에게도 추천할 만한 핫초콜릿 음료입니다.

Flavor Note
rich, deep, more cacao butter, bitter

1
2
pyrex
3
4
pyrex
5
pyrex
6
7
8

INGREDIENTS	칼리바우트 그라운드 다크 초콜릿	20g
	반 후텐 리치 딥 브라운	20g
	우유	200ml
VOLUME	300ml	

1 계량컵에 칼리바우트 그라운드 다크 초콜릿과 반 후텐 리치 딥 브라운을 각각 20g씩 총 40g 담습니다.

tip. 여기에 적힌 레시피를 그대로 따를 필요는 없습니다. 쓴맛을 줄이고 싶다면 리치 딥 브라운을 5g 단위로 줄여서 개인 취향에 맞춰보세요.

2 커피 머신의 스팀을 이용해 우유 200ml를 60~65℃ 사이로 올려줍니다.

3 ①이 ②에 잠기게끔 우유를 넣어줍니다.

tip. 계량컵에 우유를 전부 담지 않고 초콜릿이 충분히 녹을 정도로만 담습니다.

4 삼각거품기로 잘 저어줍니다.

5 전자레인지에 ④를 넣고 20~30초 가열합니다.

tip. 전자레인지를 사용하면 우유에 포함된 수분이 기화됨과 동시에 리치 딥 브라운에 포함된 지방 성분의 팽창으로 스팀 밀크로만 만들었을 때보다 밀도감이 더 높은 핫 초콜릿으로 완성할 수 있습니다.

6 가열한 초콜릿을 잘 저어준 후 컵에 옮겨 담습니다.

tip. 계량컵에서 충분히 저어주고 컵에 옮겨 담아야 표면장력이 발생하는 시간이 지연되어 막이 쉽게 생기지 않습니다.

7 남은 스팀 밀크와 밀크폼을 컵에 담습니다.

8 초콜릿 향을 더욱 크게 하기 위해 반 후텐 리치 딥 브라운을 음료 위에 살짝 뿌려서 제공합니다.

tip. 핫초콜릿의 시작은 '향'을 먼저 맡는 것이 첫 번째입니다. 손님에게 제공될 때 향을 먼저 맡아볼 것을 권유해보세요. 초콜릿도 커피와 마찬가지로 향을 맡았을 때 스트레스를 해소하는 작용을 합니다. 테이크 아웃으로 제공할 때도 손님에게 향을 충분히 먼저 맡게 한 후 뚜껑을 덮어드리는 것을 추천합니다.

NOTE : 반 후텐 리치 딥 브라운은 높은 카카오버터 함량 때문에 '매스 파우더'로 통용되는 재료입니다. 85% 이상의 커버추어나 100% 카카오매스(블록형)를 분쇄하여 대체할 수 있습니다.

Milk Chocolate

for kids

르쇼콜라 카페를 시작하고 한 달 정도 지나고 나니 아이들을 위한 음료를 찾는 어머님들이 생겨나기 시작했습니다. 이 메뉴는 시중에 판매하는 달기만 한 밀크 초콜릿이 아닌, 초콜릿보다 우유가 많이 들어가기 때문에 지은 이름입니다. 초콜릿에는 중추신경을 자극하는 알칼로이드 성분이 있어 아이들에게 무리를 줄 수 있으므로, 초콜릿을 절반만 사용하고 우유로 상쇄시켜 자극을 최소화하는 것이 중요합니다. 기본 메뉴인 다크 초콜릿의 절반 비율로 만들기 때문에 어른들 입맛에는 싱겁지만, 여기에는 이미님과 아이 모두를 만족시킬 만한 의도가 숨어 있습니다. 어머님 입장에서는 아이에게 달지 않은 초콜릿 음료를 줄 수 있어서 안심이고, 아이들은 어른들보다 감칠맛을 더 잘 느끼기 때문에 큰 자극 없이도 맛있게 즐길 수 있습니다. 우유를 싫어하는 아이들에게 거부감 없이 다가갈 수 있는 음료입니다.

Flavor Note

healthy, crispy, mild

pyrex
1
2
3
4
5
6
7

INGREDIENTS	칼리바우트 그라운드 다크 초콜릿	20g
	우유	180ml
	파에테포요틴	2~3tsp
VOLUME	250ml	

1 계량컵에 칼리바우트 그라운드 다크 초콜릿 20g을 담습니다.

2 커피 머신의 스팀을 이용해 우유 180ml를 60~65℃ 사이로 올려줍니다.

3 ①이 ②에 잠기게끔 우유를 넣어줍니다.

tip. 계량컵에 우유를 전부 담지 않고 초콜릿이 충분히 녹을 정도로만 담습니다.

4 삼각거품기로 잘 저어줍니다.

5 스트레이너(거름망)를 사용하여 컵에 옮겨 담습니다.

tip. 이 메뉴는 전자레인지를 사용하지 않습니다. 아이가 바로 마시기에 적당하도록 충분히 식혀서 제공하는 것이 가장 중요하고, 음료를 쏟을 수도 있기 때문에 위험 요소를 최대한 줄여야 합니다.

6 남은 스팀 밀크와 밀크폼을 컵에 담습니다.

7 파에테포요틴을 올린 후 스푼과 함께 제공합니다.

tip. 파에테포요틴이 핫초콜릿과 만나면 시리얼 같은 메뉴가 됩니다. 초콜릿에 풍부한 우유까지 더해져 아이에게 충분한 영양 공급이 될 수 있는 메뉴입니다.

NOTE : 아이가 바로 마실 수 있도록 충분히 식혀졌는지 마지막까지 컵에 손을 대어 온도를 확인하는 것이 가장 중요합니다.

White Chocolate

화이트 초콜릿은 카카오매스에서 카카오버터만을 추출한 후, 여기에 분유와 설탕을 혼합한 것을 말합니다. 초콜릿 고형분이 포함되어 있지 않기 때문에 초콜릿이라 하기에는 성분상 부족한 부분이 있지만, 우유의 유지방 성분과 카카오버터가 만나면 더욱 풍부한 느낌의 매력적인 음료가 만들어집니다.
대부분의 화이트 초콜릿 감미도가 상당히 높은데, 여기에 레몬과 카카오닙스를 넣게 되면 시트러스 향과 신맛에 의해 단맛이 감지되는 것이 조금 둔화되고 쓰고 떫은맛까지 더해져 전체적으로 밸런스가 잘 잡힌 음료를 만들 수 있습니다.

Flavor Note
good balance, citric acid, sweet&bitter

pyrex
1
2
3
4
5
6
7
8

INGREDIENTS	칼리바우트 그라운드 화이트 초콜릿	40g
	우유	200ml
	레몬 슬라이스	1장
	카카오닙스	적당량
VOLUME	300ml	

1 계량컵에 칼리바우트 그라운드 화이트 초콜릿 40g을 담습니다.
tip. 그라운드 화이트 초콜릿이 없다면, 분쇄한 카카오버터에 분유와 약간의 설탕을 더해서 만들어도 좋습니다.

2 커피 머신의 스팀을 이용해 우유 200ml를 60~65℃ 사이로 올려줍니다.

3 ①이 ②에 잠기게끔 우유를 넣어줍니다.

4 삼각거품기로 잘 저어줍니다.

5 전자레인지에 ③을 넣고 20~30초 가열합니다.

6 제공할 컵 바닥에 레몬 슬라이스를 넣습니다.

7 가열한 초콜릿을 잘 저어준 후 컵에 옮겨 담습니다.
tip. 전자레인지에서 가열한 초콜릿의 온도가 충분히 높아야 레몬향이 짙게 우러납니다.

8 남은 스팀 밀크와 밀크 폼을 담은 후 카카오닙스를 뿌려 제공합니다.
tip. 음료를 마실 때 가니쉬가 방해되지 않도록 작은 스푼이나 머들러 등을 함께 제공합니다.

NOTE : 레몬 슬라이스를 만들 때는 신선한 레몬을 사용하는 것이 좋습니다. 사용된 레몬이라면 절단면을 얇게 썰어내어 건조된 부분을 버리고, 레몬씨는 바 스푼의 포크 부분을 이용하여 제거합니다.

Gianduja

이탈리아 피에몬테 특산품인 잔두야를 음료로 재해석한 메뉴입니다. 본래 잔두야는 헤이즐넛과 카카오를 혼합하여 만든 이탈리아식 초콜릿 가공품의 한 종류입니다.

최상급 헤이즐넛 스프레드와 다크 초콜릿을 혼합하여 만들었기 때문에, 잔두야의 모방품인 누텔라와는 달리 문제가 되는 팜유와 과도한 설탕이 없고 오히려 몸에 이로운 카카오버터와 헤이즐넛버터로 이루어져 있어 추운 겨울에 체온을 쉽게 끌어올리기 좋은 음료입니다. 캐러멜라이즈하여 분쇄시킨 헤이즐넛을 뿌리면 더욱 고소한 느낌으로 즐길 수 있습니다.

Flavor Note

hazelnut, dark chocolate, nutty, buttery

pyrex
1
2
3
4
5
6
7
8
9

INGREDIENTS	칼리바우트 그라운드 다크 초콜릿	30g
	헤이즐넛 스프레드	30g
	우유	200ml
	프랄린그레인	1~2tsp
VOLUME	300ml	

1 계량컵에 칼리바우트 그라운드 다크 초콜릿 30g을 담습니다.

2 커피 머신의 스팀을 이용해 우유 200ml를 60~65℃ 사이로 올려줍니다.

3 ①이 ②에 잠기게끔 우유를 넣어줍니다.
tip. 계량컵에 우유를 전부 담지 않고 초콜릿이 충분히 녹을 정도로만 담습니다.

4 삼각거품기로 잘 저어줍니다.

5 같은 방법으로 헤이즐넛 스프레드를 ②로 풀어줍니다.
tip. 헤이즐넛 스프레드를 내열 유리 용기에 30g씩 미리 소분하여 실온 보관하면 제조 시간을 줄일 수 있습니다.

6 ⑤를 ④와 합친 후 삼각거품기로 잘 저어줍니다.

7 전자레인지에 ⑥을 넣고 20~30초 가열합니다.

8 가열한 초콜릿을 잘 저어준 후 컵에 옮겨 담습니다.

9 남은 스팀 밀크를 담은 후 프랄린그레인으로 장식합니다.

Hot

Iced

Cocktail

NOTE : 헤이즐넛 스프레드는 높은 점성 때문에 미리 소분하지 않으면 신속하게 음료 제공이 어렵습니다. 예측 수요만큼 유리 내열 용기에 미리 소분하여 겨울 시즌 메뉴로 한정 판매하는 것을 추천합니다.

Sanae Dark Matcha

회기동은 한국어를 배우기 위한 외국인들이 많이 거주하고 있는 동네입니다. 르쇼콜라 카페를 찾은 손님 중 절반 가까이가 외국인 손님인 것도 전혀 이상할 것이 없는 이유였지요.

첫 겨울을 맞이한 11월의 어느 주말 오후, 우리말이 서투른 일본인 손님 '사나에'가 찾아왔습니다. 한국에 온지 얼마 되지 않았기 때문에 번역 어플을 사용해가며 소통을 나눴지만 금세 친해졌고 일주일에 한 번은 꼬박 르쇼콜라를 찾는 단골손님이 되었습니다.

일본인답게 맛차 음료를 상당히 좋아했는데, 르쇼콜라 메뉴이면서 테스트 단계였던 '맛차 라테'는 사나에 덕분에 지금의 레시피가 만들어졌습니다. 그 후, 일본에서 막 출시된 '맛차 다크 초콜릿'을 사나에로부터 선물 받았고, 이것과 비슷한 맛의 음료를 만들어 '사나에 다크 맛차'로 이름 지었습니다. 손님에게 받은 고마움의 보답과, 단 한 사람을 위한 '헌정음료'가 처음으로 만들어진 순간이었습니다. 초콜릿과 맛차 모두 개성이 강한 기호품이기 때문에 맛차는 크림처럼 만들어 기본 핫초콜릿 위에 올렸습니다.

*맛차(Matcha)는 말차(抹茶)의 일본식 영문 표기입니다.

Flavor Note

matcha, dark chocolate, bitter

pyrex
1
2
pyrex
3
pyrex
4
5
6
7
8
9

INGREDIENTS	칼리바우트 그라운드 다크 초콜릿	40g
	하루야마 맛차	10g
	나리주카 맛차	10g
	우유	200ml
VOLUME	300ml	

1 계량컵에 칼리바우트 그라운드 다크 초콜릿 40g을 담습니다.

2 커피 머신의 스팀을 이용해 우유 200ml를 60~65℃ 사이로 올려줍니다.
tip. 밀크폼은 맛차 가루와 따로 혼합해야 하므로 충분한 두께로 만들어줍니다.

3 ①이 ②에 잠기게끔 우유를 넣고 삼각거품기로 잘 저어줍니다.
tip. 계량컵에 우유를 전부 담지 않고 초콜릿이 충분히 녹을 정도로만 담습니다.

4 전자레인지에 ③을 넣고 20~30초 가열한 후 잘 저어 컵에 옮겨 담습니다.

5 다완(찻사발)에 하루야마 맛차, 나리주카 맛차를 각각 10g씩 총 20g을 담습니다.

6 남은 우유를 ⑤에 부어준 후 차선으로 격불합니다.
tip. 우유와 맛차 가루의 비율은 1:1이 적당합니다.

7 ⑥을 ④에 부어줍니다.
tip. 다음 과정에서 밀크폼 위에 올려주기 위해 여분을 남겨둡니다.

8 밀크폼을 올려준 후 남은 ⑥을 올려줍니다.

9 삼각거품기로 음료 표면을 살짝 저어준 후 나리주카 맛차를 약간 뿌려서 장식합니다.
tip. 삼각거품기로 음료 표면을 살짝 저어준 후 중심부에서 마무리하면 맛차 크림을 예쁘게 장식할 수 있습니다.

NOTE : 화이트 초콜릿 베이스로 만들 경우엔 설탕이 없는 나리주카 맛차만 사용하여 감미도를 조절하도록 합니다.

Masa Dark Raspberry

2017년 한 해가 끝나갈 무렵, 일본에서 '마사노리'가 찾아왔습니다. 마사노리는 사나에의 남자친구이자 한국에 올 때마다 꼭 선물을 들고 르쇼콜라를 찾아준 고마운 손님입니다. 사나에 다크 맛차가 부러웠는지 같은 브랜드의 라즈베리 다크 초콜릿을 선물로 주었습니다. 추운 날씨에 바로 맛을 본 초콜릿은 차가웠지만 오히려 라즈베리의 느낌이 더 상큼하고 선명하게 느껴졌습니다. 본래 라즈베리는 다크 초콜릿과 궁합이 상당히 좋은 재료입니다. 마침 재료가 있어 그 자리에서 바로 핫초콜릿을 만들고 라즈베리 퓌레로 차가운 크림을 만들어 음료 위에 그리듯이 올려서 손님을 위한 헌정음료로 만들었습니다. 뜨거운 핫초콜릿과 차가운 라즈베리 크림을 동시에 느낄 수 있는 이 매력적인 음료는 추운 겨울에 마사노리가 선물한 초콜릿이 아니었다면 아마 생각도 못했겠지요.

Flavor Note

dark chocolate, raspberry, sweet&sour

1
2
3
4
5
6
7
8
9

INGREDIENTS	칼리바우트 그라운드 다크 초콜릿	40g
	우유	200ml
	우유(거품용)	35ml
	우유(크림용)	35ml
	브와롱 라즈베리 퓌레	30g
VOLUME	300ml	

1 계량컵에 칼리바우트 그라운드 다크 초콜릿 40g을 담습니다.

2 커피 머신의 스팀을 이용해 우유 200ml를 60~65℃ 사이로 올려줍니다.

3 ①이 ②에 잠기게끔 우유를 넣어가며 삼각거품기로 잘 저어줍니다.

4 전자레인지에 ③을 넣고 20~30초 가열합니다.

5 전자레인지에서 가열되는 동안 찬 우유를 프렌치 프레스를 사용하여 거품을 냅니다.

tip. 부피가 두 배가 되도록 약간의 저항이 느껴질 때까지 반복합니다. 유리 재질로 된 프렌치 프레스를 미리 차갑게 보관하면 더욱 쉽게 만들 수 있습니다.

6 작은 계량컵에 브와롱 라즈베리 퓌레 30g, ⑤35ml, 우유 35ml를 차례대로 넣습니다.

tip1. 프렌치 프레스로 만든 우유 크림만을 사용하면 점도가 높아져서 라즈베리 크림이 음료 표면에 뜨지 않고 가라앉게 됩니다.

tip2. 과일 퓌레는 짜서 쓸 수 있는 소스 용기에 담아 보관하면 사용하기에도 편리하고 음료를 만드는 시간도 단축시킬 수 있습니다.

7 ⑥을 전동 미니 거품기로 교반하여 라즈베리 크림을 만듭니다.

8 ④를 잘 저어준 후 컵에 옮겨 담습니다.

9 남은 스팀 밀크를 담은 후 ⑦을 ⑧ 위에 그리듯이 돌려가며 얹어줍니다.

NOTE : 딥 다크 초콜릿 베이스로 만들면 라즈베리 크림과 더욱 극명한 대비를 이룰 수 있습니다.

Peppermint Dark

2018년 새해가 되면서 본격적으로 다양한 초콜릿 음료를 만들어보기로 했습니다. 프랜차이즈 카페나 아이스크림 전문점에 하나씩은 꼭 있는 민트 초콜릿이 그 시작이었습니다. 페퍼민트는 시원한 청량감을 주는 휘발성 성분인 멘톨이 함유되어 있어, 초콜릿의 여운을 개운하게 만들어주는 동시에 우울증에 탁월한 효능을 가지고 있습니다. 페퍼민트뿐만 아니라 스피아민트, 애플민트, 페니로열민트 등도 비슷한 작용을 합니다.

초콜릿과 향신료를 조합하기 위해서는 향신료가 가진 특징을 뚜렷하게 내는 것이 중요합니다. 초콜릿을 구성하는 480여 개의 방향 물질 중에 가장 많은 95종의 피라진류pyrazines는 웬만한 재료로는 가려지지 않기 때문입니다. 초콜릿에 페퍼민트 오일을 첨가한 후, 뜨겁게 우려낸 페퍼민트 밀크티를 더해주면 청량감이 훨씬 더 크게 느껴지는 초콜릿 음료를 만들 수 있습니다.

Flavor Note

minty, freshness, sharpness, cool down

pyrex
1
2
3
4
5
6
7
8

INGREDIENTS	칼리바우트 그라운드 다크 초콜릿	40g
	페퍼민트 오일	4~5방울
	페퍼민트 티백	2개
	우유	200ml
	애플민트	1~2장
VOLUME	300ml	

1 계량컵에 칼리바우트 그라운드 다크 초콜릿 40g을 담습니다.

tip. 페퍼민트와 같이 밝고 경쾌한 느낌의 재료는 '다크 초콜릿' 베이스로 만드는 것이 청량감이 더 크게 느껴집니다.

2 ①에 페퍼민트 오일 4~5방울을 뿌려줍니다.

tip. 초콜릿 10g 당 1방울 정도가 적당합니다.

3 스팀 피처에 페퍼민트 티백 2개와 우유 200ml를 담고 커피 머신의 스팀을 이용해 60~65℃ 사이로 올려준 후 3~5분 정도 그대로 우려냅니다.

tip. 여러 메뉴 주문이 들어왔을 때는 가장 먼저 만들어 놓는 것이 좋습니다. 초콜릿 향에 묻히지 않도록 티백은 은은한 향이 나는 것보다 강한 향이 나는 것이 좋습니다.

4 ②가 잠기게끔 ③을 넣어줍니다.

tip. 티백이 손상되었다면 스트레이너를 사용합니다.

5 삼각거품기로 잘 저어준 후 전자레인지에서 20~30초 가열합니다.

6 ⑤를 잘 저어준 후 컵에 옮겨 담습니다.

7 남은 스팀 밀크와 밀그폼을 컵에 담습니다.

8 ⑦ 위에 애플민트 한 장을 장식하고 제공합니다.

NOTE : 르쇼콜라 카페를 운영할 당시에 직접 키운 애플민트 화분을 손님에게 보여주며 잎을 직접 고르게 하였습니다. 신선한 재료를 직접 선택하게 하여 음료의 신뢰도를 높일 수 있는 방법입니다.

Earl Grey Deep Dark

얼 그레이가 베르가모트 껍질로부터 추출한 오일을 첨가한 가향 홍차라는 사실은 누구나 다 알고 있을 정도로 대중적입니다. 때문에 다크 초콜릿과 얼 그레이를 더한 가나슈도 비교적 흔하게 찾을 수 있는 조합이 되었지요. 여기에 원재료인 시트러스 계열의 신맛이 강한 과일인 베르가모트까지 더하면 어떤 맛이 나올까 싶어 만들어본 메뉴입니다. 초콜릿, 얼 그레이, 베르가모트 세 가지의 복합적인 맛과 향을 동시에 느낄 수 있는 핫초콜릿입니다.

Flavor Note

earl grey, milktea, deep rich, dignity, sour(optional)

1
2
3
4
5
6
7
pyrex

INGREDIENTS	칼리바우트 그라운드 다크 초콜릿	20g
	반 후텐 리치 딥 브라운	20g
	얼그레이 티백	2개
	우유	200ml
	브와롱 베르가모트 퓌레	선택
VOLUME	300ml	

1 계량컵에 칼리바우트 그라운드 다크 초콜릿과 반 후텐 리치 딥 브라운을 각각 20g씩 총 40g 담습니다.

tip. 얼 그레이와 같이 차분한 느낌의 재료는 '딥 다크 초콜릿' 베이스로 만들면 음료의 성격에 무게감을 더할 수 있습니다.

2 스팀 피처에 얼 그레이 티백 2개와 우유 200ml를 담고 커피 머신의 스팀을 이용해 60~65℃ 사이로 올려준 후 3~5분 정도 그대로 우려냅니다.

tip. 여러 메뉴 주문이 들어왔을 때는 가장 먼저 만들어 놓는 것이 좋습니다. 초콜릿 향에 묻히지 않도록 티백은 은은한 향보다 강한 향이 나는 것이 좋습니다.

3 ①이 ②에 잠기게끔 우유를 넣어줍니다.

4 삼각거품기로 잘 저어줍니다.

5 전자레인지에 ④를 넣고 20~30초 가열합니다.

6 ⑤를 잘 저어준 후 컵에 옮겨 담습니다.

7 남은 스팀 밀크와 브와롱 베르가모트 퓌레 10~15ml를 넣고 다시 잘 저어줍니다.

tip. 손님에게 신맛에 대한 선호도를 확인하고 양을 조절하거나 미니 저그에 따로 서브합니다.

NOTE : 바(Bar) 테이블 형식으로 운영하고 있는 카페라면, 음료를 제조하면서 손님에게 재료에 대해 충분한 설명을 제공해보세요. 어떤 음식이더라도 알고 먹는 것과 모르고 먹는 것의 차이는 꽤 큽니다.

Red Hot Chilli Peppers

아직도 생생히 기억날 정도로 2018년 1월은 유난히 추웠습니다. 기온이 영하 15℃ 아래로 떨어지는 한파가 일주일 가까이 지속되던 날도 있었습니다. 르쇼콜라 카페를 시작하고 100일간 단 3일밖에 쉬지 못할 정도로 무리를 한 터라 감기 몸살이 찾아오는 것이 느껴졌습니다. 감기에 걸려도 약을 먹지 못하는 알레르기 체질이어서 급한대로 체온이라도 끌어올리기 위해 핫초콜릿에 페페론치노(매운 고추)를 넣어 마셨습니다. 사실 매운 고추가 들어가는 핫초콜릿은 초콜릿 카페마다 있는 흔한 메뉴로, 한 모금 마시면 처음에는 달콤쌉쌀함이 느껴지다 뒤이어 식도로부터 매운 자극이 따라오는 독특한 느낌의 음료입니다. 여기에 은은한 매운맛을 더하기 위해 핑크 페퍼를 첨가하고 1980년대 록 밴드 이름을 따서 메뉴에 추가하였습니다.

Flavor Note

pink pepper, chili, red hot, spicy, warm up

1
2
3
4
5
6
7
8
9

INGREDIENTS	칼리바우트 그라운드 다크 초콜릿	40g
	페페론치노	6~8개
	핑크 페퍼 홀	12~16개
	우유	200ml
	고춧가루	1tsp
VOLUME	300ml	

1 페페론치노 6~8개, 핑크 페퍼 홀 12~16개를 준비합니다.

tip. 취향에 따라 양을 가감할 수 있습니다.

2 계량컵에 칼리바우트 그라운드 다크 초콜릿 40g을 담습니다.

tip. 취향에 따라 '딥 다크 초콜릿 베이스'로 만들어도 좋습니다.

3 스팀 피처에 ①과 우유 200ml를 담고 커피 머신의 스팀을 이용해 60~65℃ 사이로 올려준 후 3~5분 정도 그대로 우려냅니다.

tip. 매운맛을 강하게 내려면 5분 정도 우려냅니다.

4 스트레이너를 사용하여 ②가 ③에 잠기게끔 부어줍니다.

5 삼각거품기로 잘 저어줍니다.

6 전자레인지에 ⑤를 넣고 20~30초 가열합니다.

7 ⑥을 잘 저어준 후 컵에 옮겨 담습니다.

8 밀크폼을 남아줍니다.

9 ⑧ 위에 고춧가루를 1tsp 정도 뿌린 후 제공합니다.

NOTE : 몇 번의 테스트 과정을 거쳐 시간 체크를 하면서 페페론치노를 우려내도록 합니다. 기분 좋은 매운 맛을 내어 자극적인 음료가 되지 않도록 하는 것이 중요합니다.

Vegan Hot Chocolate

for vegan

경희대 부근에 초콜릿 음료를 전문으로 하는 카페가 생겼다는 소식을 듣고 멀리서 찾아왔지만 아쉽게도 발길을 돌려야만 했던 손님도 있었습니다. 체질적으로 우유를 소화시키지 못하거나, 윤리적인 문제로 엄격하게 채식만을 추구하는 손님들이 그러했습니다. 이런 분들을 위해 두유를 직접 가져오면 그만큼 가격을 할인해주고 체질에 맞게 음료를 만들어 제공하였습니다. 풍부한 느낌을 주는 유지방을 대체하고 윤리적인 가치를 더하기 위해 공정무역 코코넛 오일을 첨가한 후, 약간의 라임주스를 더해 밸런스를 맞춘 후 코코넛 펄프로 장식하였습니다. 서로 구조가 다른 두 지방이 만날 때 일어나는 공융현상* 을 이용한 음료입니다.

*공융현상 : 구조가 다른 지방이 만났을 때 본래의 융점보다 낮은 온도에서 녹는 현상

Flavor Note

sweet, crispy, healthy

pyrex
1
2
3
4
5
6
7
8

INGREDIENTS	칼리바우트 그라운드 다크 초콜릿	40g
	두유	200ml
	코코넛 오일	5g
	라임주스	1tsp
	건조 코코넛 펄프	적당량
VOLUME	300ml	

1 계량컵에 칼리바우트 그라운드 다크 초콜릿 40g을 담습니다.

2 커피 머신의 스팀을 이용해 두유 200ml를 60~65℃ 사이로 올려줍니다.

3 ①이 ②에 잠기게끔 두유를 넣어줍니다.

4 삼각거품기로 잘 저어줍니다.

5 코코넛 오일 5g을 넣고 다시 한 번 삼각거품기로 잘 저어줍니다.

6 전자레인지에 ⑤를 넣고 20~30초 가열합니다.

7 ⑥에 라임주스 1tsp를 넣고 잘 저어 컵에 옮긴 후 남은 두유도 함께 담아줍니다.

8 ⑧ 위에 건조 코코넛 펄프를 뿌리고 제공합니다.

Hot

Iced

Cocktail

NOTE : 코코넛 오일은 상온에서도 쉽게 굳으므로, 열기가 있는 커피 머신이나 워터 디스펜서 위에 놓고 바로 사용할 수 있도록 합니다.

Matcha Caramel Latte

지금까지 초콜릿 파우더로 핫초콜릿 메뉴를 만드는 것이 익숙해졌다면 이제 커버추어 초콜릿을 직접 녹여 만들어볼 차례입니다. 스팀 밀크와 전자레인지를 함께 사용하면 빠른 시간 내에 어렵지 않게 만들 수 있습니다.

간혹 손님이 나눠주는 작은 간식들은 새로운 초콜릿 음료의 아이디어가 되었습니다. 캐러멜에 맛차 향이 더해진 제품이었는데, 초콜릿과는 다른 달콤쌉쌀한 느낌이 매력적이어서 음료로 표현해보았습니다. 캐러멜 향이 첨가된 화이트 초콜릿으로 캐러멜 라테를 만든 후 맛차 파우더를 적절히 배합하여 밸런스를 맞춘 음료입니다.

Flavor Note

caramel, matcha, sweet&bitter

pyrex
1
2
3
4
5
6
7
8
9

INGREDIENTS	카카오바리 제피르 캐러멜 화이트 초콜릿	40g
	우유	200ml
	나리주카 맛차 파우더	15g
VOLUME	300ml	

1 계량컵에 카카오바리 제피르 캐러멜 화이트 초콜릿 40g을 담습니다.

2 커피 머신의 스팀을 이용해 우유 200ml를 60~65℃ 사이로 올려줍니다.

3 ①이 ②에 잠기게끔 우유를 넣어줍니다.

4 삼각거품기로 잘 저어줍니다.

5 나리주카 맛차 파우더를 담은 다완(찻사발)에 ②를 일부만 담고 차선으로 격불합니다.

tip. 우유 대신 물을 사용하면 맛차의 향을 더욱 뚜렷하게 만들 수 있습니다. 쓴맛의 강도를 조절하고 싶으면 나리주카 맛차를 5g 단위로 조절해보세요.

6 전자레인지에 ④를 넣고 20~30초 가열한 후 삼각거품기로 잘 저어준 후 컵에 옮겨 담습니다.

tip. 전자레인지를 사용하면 스팀 밀크로만 녹이는 것보다 더 쉽게 녹일 수 있습니다. 숙달되기 전까지 잔여감이 없도록 스트레이너를 이용하는 것이 좋습니다.

7 남은 스팀 밀크를 채워준 후 ⑤를 음료 위에 원을 그리듯이 올려줍니다.

8 삼각거품기로 살짝 저어서 혼합합니다.

9 나리주카 맛차 파우더를 약간 뿌려서 장식하고 제공합니다.

NOTE : 제피르 캐러멜 화이트 초콜릿으로만 음료를 만들면 따뜻한 '캐러멜 라테'가 되며, 맛차 대신에 에스프레소 커피와 적절히 매치시켜 감미도를 조절하면 '캐러멜 카페라테'가 됩니다.

Blood Orange Salted Caramel

블러드 오렌지는 자몽과 감귤의 복합적인 맛이 나는 과일로, 오렌지 중 비타민C가 가장 많이 들어 있습니다. 블러드 오렌지의 적절한 산미와 쓴맛을 화이트 초콜릿에 더해주면 단맛을 낮춰 음료로 적합하게 만들 수 있으며 과일의 산성 성분이 우유 단백질과 만나 화이트 초콜릿과의 결합력을 더 높여주는 역할도 합니다. 1970년대 프랑스 캬라멜리에caramelier 앙리 르 루Henri Le Roux가 최초로 캐러멜에 소금을 더한 조합은 오늘날까지 사랑받는 가장 완벽한 조합이므로 빼놓을 수 없겠지요?

Flavor Note

caramel, orange, grapefruit, sweet, salty

1
2
3
4
5
6
7
8
9

INGREDIENTS	카카오바리 제피르 캐러멜 화이트 초콜릿	40g
	우유	200ml
	브와롱 블러드 오렌지 퓌레	15ml
	솔티드 캐러멜 크리스펄	적당량
VOLUME	300ml	

1 계량컵에 카카오바리 제피르 캐러멜 화이트 초콜릿 40g을 담습니다.

2 커피 머신의 스팀을 이용해 우유 200ml를 60~65℃ 사이로 올려줍니다.

3 ①이 ②에 잠기게끔 우유를 넣어줍니다.

4 삼각거품기로 잘 저어줍니다.

5 ④가 충분히 녹으면 브와롱 블러드 오렌지 퓌레 15ml를 넣어줍니다.

6 삼각거품기로 잘 저어준 후 전자레인지에 넣고 20~30초 가열합니다.

7 ⑥을 삼각거품기로 잘 저어준 후 컵에 옮겨 담습니다.

8 남은 스팀 밀크, 밀크폼으로 채워줍니다.

9 솔티드 캐러멜 크리스펄을 갈아서 뿌려준 후 제공합니다.

NOTE : 솔티드 캐러멜 크리스펄만으로는 짠맛이 크게 느껴지지 않을 수 있습니다. 취향에 따라 초콜릿을 녹일 때 게랑드 소금을 추가로 넣어 짠맛을 더욱 강조할 수 있습니다.

Ingwer

손님이 주신 초콜릿은 패키지를 버리지 않고 갖고 있으면 하나의 아이디어가 됩니다. 1955년 설립된 독일의 하일레만Heilemann의 '잉버(생강)inger 다크 초콜릿'을 모티브로, 여기에 생강과 우유가 가진 장점을 더해 운동 후 섭취하면 좋은 핫초콜릿을 만들었습니다.

생강에 들어 있는 강력한 항산화 물질인 쇼가올shogaols과 진저론zingerone은 운동 후 통증 완화에 도움을 주고, 근력 운동 후 섭취한 우유는 소화와 흡수가 느린 우유의 카제인 성분 덕분에 장시간 체내에 머물면서 근손실을 최소화하고 근육 합성에 도움을 준다고 합니다.(플로스원PlosOne 2017년 5월 게재)* 여기에 피로 회복과 적당한 칼로리 보충에 도움을 주는 초콜릿까지 더해지면 이만한 스포츠 음료는 없겠죠?

*Effects of milk product intake on thigh muscle strength and NFKB gene methylation during home-based interval walking training in older women: A randomized, controlled pilot study

Flavor Note

ginger, hot, warm, healthy

1
2
3
4
5
6
7
8
9

INGREDIENTS	칼리바우트 그라운드 화이트 초콜릿	40g
	우유(생상 냉침)	200ml
	생강 또는 생강 파우더	적당량
VOLUME	300ml	

1 우유 1리터당 생강 4개 정도를 얇게 썰어서 하루 동안 냉침시킵니다.

tip. 흙생강을 사용할 경우 깨끗하게 잘 씻은 후 썰어 사용합니다.

2 계량컵에 칼리바우트 그라운드 화이트 초콜릿 40g을 담습니다.

tip. 간편하게 제조할 경우에는 ①을 생략하고 생강 파우더 15g을 더해줍니다.

3 커피 머신의 스팀을 이용해 ①의 우유 200ml를 60~65℃ 사이로 올려줍니다.

4 ②가 ③에 잠기게끔 넣어줍니다.

5 삼각거품기로 잘 저어줍니다.

6 전자레인지에 ⑤를 넣고 20~30초 가열합니다.

7 ⑥을 잘 저어준 후 스트레이너를 사용하여 컵에 옮겨 담습니다.

8 남은 스팀 밀크와 밀크폼을 충분히 올려줍니다.

9 생강 조각 1~2개와 함께 제공합니다.

tip. 취향에 따라 꿀이나 시나몬과 함께 조합해도 좋습니다.

NOTE : 다크 초콜릿 또는 딥 다크 초콜릿 베이스로 만들어도 좋습니다. 생강은 가향되지 않은 모든 초콜릿과 잘 어울리는 향신료 중 하나입니다.

Sweet Red Pepper

2018년 12월 28일, 회기동에서의 마지막 연말이 다가오고 있었습니다. 1년 만에 찾아온 손님이 '매운 초콜릿'을 저번보다 '덜 맵게' 만들어 달라고 요청하였고, 마침 쓰임새를 찾지 못하던 레드 페퍼 퓌레를 기존 레시피에 더해 맵지만 달콤함도 감도는 핫초콜릿 음료를 만들었습니다. 르쇼콜라 정리를 앞둔 시기여서 이 음료가 회기동에서 마지막으로 만든 다크 핫초콜릿 음료가 되었습니다.

재료로 쓰인 레드 페퍼를 의미하는 피망(piment, 프랑스어)과 파프리카(paprika, 네덜란드어)는 그 어원이 라틴어와 희랍어의 차이일 뿐, 식물학적으로 같은 작물을 통칭합니다. 유독 우리나라와 일본 시장에 인기가 없었던 피망을 당시 종주국이었던 네덜란드가 이름을 바꿔서 새로운 개량종 상품으로 시장 공략에 나선 것이 지금의 혼란을 초래한 결과가 되었습니다.

다소 논란의 소지는 있겠지만, 국어사전에 등재된 '피망, 파프리카의 차이'는 식물학적 구분이 아닌, 유통 시기로 구분한 당시의 피망과 현재의 파프리카 차이라 할 수 있습니다. 껍질이 두꺼워지고 당도가 높아짐에 따라 매운맛이 줄었다고 해서 완전히 다른 채소가 되는 것은 아니니까요.

Flavor Note

chili, spicy, sweet, warm up

1
2
3
4
5
6
7
8
9

INGREDIENTS	칼리바우트 그라운드 다크 초콜릿	40g
	페페론치노	5~6개
	브와롱 레드페퍼 퓌레	20g
	우유	200ml
	시나몬 스틱	1개
VOLUME	300ml	

1 계량컵에 칼리바우트 그라운드 다크 초콜릿 40g과 브와롱 레드페퍼 퓌레 20g을 담습니다.

2 스팀 피처에 페페론치노 5~6개와 우유 200ml를 담습니다.

3 ②를 커피 머신의 스팀을 이용해 60~65℃ 사이로 올려주고 3~5분 정도 그대로 우려냅니다.

4 스트레이너를 사용하여 ①이 ③에 잠기게끔 부어줍니다.

5 삼각거품기로 잘 저어줍니다.

6 전자레인지에 ⑤를 넣고 20~30초 가열합니다.

7 ⑥을 잘 저어준 후 컵에 옮겨 담습니다.

8 남은 스팀 밀크와 밀크폼을 담습니다.

9 그레이터로 시나몬 스틱을 음료 위에 살짝 갈아준 후 가니쉬하여 제공합니다.

NOTE : 레드페퍼 퓌레가 없다면 파프리카를 약간의 물과 함께 푸드 프로세서로 갈아서 사용합니다.

Harin's Recipe

르쇼콜라에 세 번 이상 방문한 손님들은 보답 차원에서 생일을 기억해두었다가 생일 당일 초콜릿 음료를 한 잔씩 만들어 드렸습니다. 경희대 식품 영양학과에 재학 중이었던 단골손님 하린이가 어느 레시피 책에서 본 조합이 궁금하다고 해서 재료를 들고 찾아왔는데, 마침 생일이기도 하고 개인적으로는 손님이 주신 미션에 도전한다는 의미로 만들어본 메뉴입니다.
각 재료가 가진 특징을 제대로 파악하면 가짓수가 많더라도 서로 어울리는 적절한 밸런스를 찾을 수 있고 그렇게 조합한 음료는 그 가게만의 시그니처 음료가 될 수 있습니다. 하린이의 아이디어 덕분에 캐러멜 화이트 초콜릿을 베이스로, 고르곤졸라 치즈의 쿰쿰한 향, 고소한 호두 페이스트, 달콤한 서양배 퓌레와 꿀이 더해져 매력적인 요소가 가득한 핫초콜릿이 만들어졌습니다.

Flavor Note

caramel, toffee, walnut, honey, gorgonzola cheese

pyrex
1
2
pyrex
3
pyrex
4
pyrex
5
6
7

INGREDIENTS	칼리바우트 골드 캐러멜 화이트 초콜릿	40g
	우유	200ml
	호두 페이스트	8g
	고르곤졸라 치즈	8g
	브와롱 서양배 퓌레	15ml
	꿀	적당량
	호두(가니쉬)	적당량
VOLUME	300ml	

1 계량컵에 골드 캐러멜 화이트 초콜릿 40g을 담습니다.

2 커피 머신의 스팀을 이용해 우유 200ml를 60~65℃ 사이로 올려줍니다.

3 ①이 ②에 잠기게끔 우유를 넣고 삼각거품기로 잘 저어줍니다.

4 브와롱 서양배 퓌레 15ml, 고르곤졸라 치즈 8g, 호두페이스트 8g을 넣어줍니다.

5 다시 한 번 삼각거품기로 잘 저어준 후 전자레인지에 넣고 20~30초 가열합니다.

6 남은 스팀 밀크로 채워주고 밀크폼을 충분히 올려줍니다.

7 잘게 부순 호두를 뿌려주고 취향에 맞게 꿀을 첨가하거나 따로 제공합니다.

NOTE :

호두 페이스트 만드는 법

1. 쓴맛을 없애기 위해 호두를 끓는 물에 살짝 데칩니다.
2. 잔여 수분이 남지 않도록 프라이팬에서 볶아줍니다.
3. 호두를 푸드 프로세서로 잘게 갈아주면 지방 성분이 나오면서 페이스트 상태가 됩니다.
4. 병에 담아 보관합니다.

Part 06

차가운 초콜릿 음료 레시피

일반 카페의 아이스 초콜릿 음료는
얼음을 가득 채워 제공하기 때문에 양이 많지도 않을 뿐더러,
시간이 지나면 얼음이 녹아 맛도 흐려집니다.
르쇼콜라 아이스 초콜릿 레시피는 물과 얼음을 사용하지 않고
우유에 녹인 초콜릿을 급속 냉동시켜 그대로 갈아서 제공하기 때문에
장시간 두어도 쉽게 녹지 않고
마지막까지 진한 초콜릿 본연의 맛을 느낄 수 있습니다.

Iced Chocolate Recipe

Iced Dark Chocolate

차가운 초콜릿 음료를 만드는 것은 생각보다 까다로운 일입니다. 우유와 카카오버터 두 가지 에멀션을 혼합하는 것 외에, 고형분인 카카오매스까지 강제로 혼합해야 하고 여기에 온도까지 떨어뜨려 주어야 하기 때문입니다.

일반 카페에서 많이 사용하는 당류가공품과 준초콜릿은 상대적으로 가격이 저렴하고 유화제를 포함한 여러 가지 첨가물로 인해 혼합이 쉬운 장점은 있지만, 설탕 비율이 높아 단맛이 강하고 카카오버터를 대체한 재료들이 잔여감으로 이어져 초콜릿 음료 자체에 거부감을 느끼는 요인이 됩니다.

초콜릿 음료는 시간이 지나면 침전되거나 분리되는 현탁액이고, 이는 완벽한 유화 식품이 아니라는 증거이기도 합니다. 유화 상태라면 장시간 동안 분리가 일어나지 않아야 하기 때문입니다. 이러한 단점을 해결하고자 본 레시피는 초콜릿과 우유를 최대한 많이 교반시킨 후 급속 냉동시켜 일시적 유화 상태를 유지한 후 제공 직전에 블렌더로 분쇄하는 방법을 소개합니다.

계면 장력을 최소화시킨 장점 덕분에 음용하는 시간 동안 분리가 일어나지 않고, 얼음이나 물이 들어가지 않아 시간이 지나도 처음부터 끝까지 농도가 흐려지지 않는 장점이 있습니다.

본 레시피는 앞으로 소개할 다크 초콜릿과 혼합된 아이스 음료의 베이스로 사용합니다. ('다크 초콜릿 베이스'로 칭함) 칵테일을 만들 때 기본주가 되는 스피리츠에 해당된다고 볼 수 있습니다.

Flavor Note

dark chocolate, semi sweet, bitter

1
2
3
4
5
6
7
8
9

INGREDIENTS	카카오바리 오리진 탄자니아 75%	1020g
	우유(베이스 제소용)	3000ml
	우유(블렌더 사용 시)	100ml
VOLUME	360ml x 16	

1 인덕션이나 가스레인지 위에 중탕용 냄비를 겹쳐 올린 후 다크 초콜릿 커버추어 1020g을 녹입니다.

tip. 우유와 혼합 시 다크 초콜릿 특유의 맛이 연해지므로, 가급적 카카오매스 함량이 높은 다크 초콜릿 커버추어를 선택하는 것이 좋습니다. 한 가지 초콜릿만 사용하는 것보다는, 다양한 초콜릿을 혼합하면 더욱 개성 있는 시그니처 음료로 만들 수 있습니다.

2 초콜릿이 완전히 녹으면 우유 한 팩(1000ml)을 넣고 스패출러로 중심부부터 잘 혼합합니다.

tip. 작업 전 우유를 살짝 데우거나 미리 상온에 꺼내 놓으면 더 쉽게 혼합할 수 있습니다.

3 충분히 혼합되면 나머지 우유 두 팩(2000ml)을 넣고 다시 스패출러로 잘 혼합합니다.

4 핸드블렌더를 이용해 입자감이 느껴지지 않을 정도로 충분히 교반합니다.

tip. 바닥이 평평하고 내부가 보이는 강화 유리 냄비에서 작업하면 보다 용이합니다.

5 한번 식힌 후 다시 핸드블렌더로 2차 교반하면 '다크 초콜릿 베이스'가 완성됩니다.

tip. 식히는 과정에서 냄비 뚜껑을 닫으면 수증기가 모여 음료와 섞이므로 뚜껑은 덮지 않는 것이 좋습니다.

6 ⑤를 디스펜서에 옮겨 담은 후 300ml 컵에 250ml씩 소분합니다.

tip. 250ml씩 소분하면 다크 초콜릿 베이스 음료 총 16잔을 만들 수 있습니다. 전자레인지 사용이 가능한 PP 용기나 실리콘 용기를 사용하는 것이 좋습니다.

7 소분한 초콜릿은 트레이나 컨테이너로 옮긴 후 영하 18℃ 냉동고에서 12시간 이상 냉동시킵니다.

8 12시간 이상 경과 후 ⑦을 전자레인지에서 20초 정도 가열하여(1000w 기준) 용기에서 쉽게 분리될 수 있도록 합니다.

9 블렌더에 ⑧과 우유 100ml를 넣고 분쇄 후 컵에 담아 제공합니다.

NOTE : 5번 과정까지 마친 후 얼리지 않고 병입하여 냉장 보관 상태로 판매할 수 있습니다. 다만, '초콜릿 음료는 완벽한 유화가 불가능합니다.'의 완곡한 표현인 '개봉 전 충분히 흔들어주세요'는 필수적으로 표기해주세요.

Iced White Chocolate

여름철에 인기가 많은 음료인 프라푸치노Frappuccino는, 얼음 조각을 넣어 만드는 음료 프라페frappe와 우유 거품으로 즐기는 커피 메뉴인 카푸치노cappuccino를 겸명하여 만든 조어로, 스타벅스의 등록 상표이자 대표 메뉴 중 하나입니다.
화이트 초콜릿은 한 입 크기의 봉봉 초콜릿에 많이 쓰이지만, 사실 아이스 음료로 만들면 프라푸치노와 같은 질감에 카카오버터까지 더해져 보다 풍부한 느낌의 매력적인 음료가 되며, 프라페와는 달리 물이나 얼음을 전혀 사용하지 않기 때문에 시간이 지나도 같은 농도로 즐길 수 있는 장점까지 있습니다.
기본적으로 설탕이 이미 결합된 화이트 초콜릿은 감미도가 높은 재료여서 따뜻한 음료로는 단맛 조절이 어렵지만, 차갑게 얼리면 단맛을 감지하기 어려워지기 때문에 어떤 재료와도 잘 어울리는 베이스가 되어 활용도가 높아집니다. 화이트 초콜릿의 진정한 쓰임새는 아이스 음료로서의 용도가 아닐까 싶은 생각이 들 정도입니다.

본 레시피는 앞으로 소개할 화이트 초콜릿과 혼합된 아이스 음료의 베이스로 사용합니다. ('화이트 초콜릿 베이스'로 칭함)

Flavor Note
white chocolate, cold, frappe, creamy

1
2
3
BRAUN
4
BRAUN
5
6
7
8
9

INGREDIENTS	카카오바리 블랑 사틴 화이트 초콜릿	900g
	우유(베이스 제조용)	3000ml
	우유(블렌더 사용 시)	100ml
VOLUME	360ml x 16	

1 인덕션이나 가스레인지 위에 중탕용 냄비를 겹쳐 올린 후 화이트 초콜릿 커버추어 900g을 녹입니다.

tip. 화이트 초콜릿 사용량에 따라 음료의 풍부한 느낌 정도를 조절할 수 있습니다.

2 초콜릿이 완전히 녹으면 우유 한 팩(1000ml)을 넣고 스패츌러로 중심부부터 잘 혼합합니다.

tip. 작업 전 우유를 살짝 데우거나 미리 상온에 꺼내 놓으면 더 쉽게 혼합할 수 있습니다.

3 충분히 혼합되면 나머지 우유 두 팩(2000ml)을 넣고 다시 스패츌러로 잘 혼합합니다.

tip. 기본적으로 지방 성분이 많은 음료이기 때문에, 기호에 따라 저지방 또는 무지방 우유를 혼합해서 만들어도 좋습니다.

4 핸드블렌더를 이용해 입자감이 느껴지지 않을 정도로 충분히 교반합니다.

5 한번 식힌 후 다시 핸드블렌더로 2차 교반하면 '화이트 초콜릿 베이스'가 완성됩니다.

tip. 식히는 과정에서 표면 장력에 의해 음료 표면에 막이 형성될 수 있습니다. 핸드블렌더로 충분히 교반하고 디스펜서에 옮겨 담을 때 스트레이너를 사용하면 이물감을 줄일 수 있습니다.

6 ⑤를 디스펜서에 옮겨 담은 후 300ml 컵에 250ml씩 소분합니다.

tip. 250ml씩 소분하면 화이트 초콜릿 베이스 음료 총 16잔을 만들 수 있습니다. 전자레인지 사용이 가능한 PP 용기나 실리콘 용기를 사용하는 것이좋 습니다.

7 소분한 초콜릿은 트레이나 컨테이너로 옮긴 후 영하 18℃ 냉동고에서 12시간 이상 냉동시킵니다.

8 12시간 이상 경과 후 ⑦을 전자레인지에서 20초 정도 가열하여(1000w 기준) 용기에서 쉽게 분리될 수 있도록 합니다.

9 블렌더에 ⑧과 우유 100ml를 넣고 분쇄 후 컵에 담아 제공합니다.

tip. 레몬즙 20ml를 첨가하면 우유취를 줄일 수 있습니다.

NOTE : 화이트 초콜릿 베이스는 어떤 과일과도 자연스럽게 매치시킬 수 있는 장점이 있으므로 단독으로 사용하는 것보다 계절별 제철 과일을 사용하여 다양한 메뉴를 만들어보시길 바랍니다.

Mango in noir

2017년의 마지막 날, 디저트 샵에서 일하는 동생 현우가 선물을 한아름 들고 찾아왔습니다. 지금은 일본에서 디저트 공부를 하지만 이따금 한국에 들를 때면 어김없이 연락을 주는 고마운 동생입니다. 현우가 가져온 선물 중에 오모테산도 망고 크림이 있었는데 작은 한 스푼만으로도 달콤하면서 입안을 가득 채우는 밝은 느낌이 너무 좋았습니다. 마침 아이스 초콜릿을 테스트하던 시기여서, 망고 퓌레를 크림처럼 만들고 현우의 닉네임인 '인 누아르innoir'대로 아이스 다크 초콜릿 안에 넣었습니다. '초콜릿은 본래 과일이니 마음껏 먹어도 좋다.'라는 어느 책의 문구처럼 초콜릿과 망고의 절묘한 조합을 맛볼 수 있는 음료입니다.

Flavor Note

mango, dark chocolate, fruity

1
2
3
4
5

INGREDIENTS	다크 초콜릿 베이스(121p)	250g
	우유 또는 생크림(가니쉬용)	60ml
	우유(블렌더 사용 시)	100ml
	브와롱 망고 퓌레	30ml
VOLUME	300ml	

1 우유는 프렌치 프레스로 공기를 주입하여 생크림과 같은 질감으로 만듭니다.

2 작은 계량컵에 브와롱 망고 퓌레 30ml와 ①의 우유 60ml를 차례대로 넣습니다.

tip. 프렌치 프레스에 남은 우유는 냉장고에 보관하고 주문 시 우유를 보충해가며 사용합니다.

3 ②를 전동 미니 거품기로 교반하여 크림처럼 만듭니다.

4 121p의 방법으로 완성한 다크 초콜릿 베이스로 아이스 초콜릿을 만듭니다.

5 ③과 ④를 합친 후 제공합니다.

tip. 투명컵에 제공할 경우 망고 크림을 먼저 넣고 아이스 초콜릿을, 종이컵에 제공할 경우에는 망고 크림을 음료 위에 그리듯이 얹어서 제공합니다.

NOTE : 과일 크림을 만들 때 같은 맛의 시럽을 약간 첨가하면 훨씬 점성 높은 크림 질감을 얻을 수 있습니다.

Citrus Medica

화이트 초콜릿 베이스에 전남 고흥 유자를 더해 만든 아이스 음료입니다. 화이트 초콜릿은 자칫 우유취에 민감한 분들에게 거부감을 줄 수 있지만, 산뜻한 시트러스 계열의 과일과 혼합하면 단맛도 누그러지고 적절한 신맛이 더해져 요거트 스무디와 같은 느낌으로 만들어집니다.
유자는 고대부터 약용으로 쓰였기 때문에 '약'이라는 뜻의 'medica'가 붙어있는데, 이는 감귤류 중 유일하게 유자만 생리활성을 돕는 과피를 함께 섭취하기 때문입니다. 이처럼 과일칭과 화이트 초콜릿을 다양하게 조합하면 계절별로 손쉽게 메뉴를 구성할 수 있습니다.

Flavor Note
citrus, white chocolate, sweety

1
2
3
4
5

INGREDIENTS	화이트 초콜릿 베이스(125p)	180g
	우유	100ml
	유자청	90g (1잔 분량)
VOLUME	360ml	

1 전자레인지 사용이 가능한 300ml PP 용기나 실리콘 용기에 유자청 90g을 담아 영하 18℃ 냉동고에서 6시간 이상 냉동시킵니다.

2 ①에 화이트 초콜릿 베이스 180g을 넣고 12시간 이상 냉동시킵니다.
tip. 냉동고 안에서 수분이 기화되면서 5~10g 정도 줄어듭니다.

3 ②를 전자레인지에서 20초 정도 가열하여(1000w 기준) 용기에서 쉽게 분리될 수 있도록 합니다.

4 블렌더에 ③과 우유 100ml를 넣고 분쇄한 후 컵에 담습니다.

5 유자청을 올려 제공합니다.

NOTE : 유자의 매력은 과피에 있습니다. 유자청을 소분할 때 과피 위주로 채우고 블렌더 사용 시 너무 곱게 분쇄하지 않도록 주의합니다.

White Matcha

화이트 초콜릿 베이스에 나리주카 녹차 파우더를 더해 진하면서도 달지 않은 음료입니다. 나리주카 파우더는 클로렐라chlorella가 15% 포함되어 있는데 이 때문에 점성이 증가되어 음료의 바디감이 한층 더 향상됩니다.

일부에서는 클로렐라를 두고 색상을 진하게 내는 용도로 잘못 알고 있는데, 이는 부족한 영양소를 보충하기 위한 것으로 일본에서는 이미 오래전부터 50세 이상 70%가 넘는 인구가 복용할 정도로 꾸준히 판매 1위를 유지하는 대표적인 건강식품입니다. 우리나라도 스피룰리나spirulina와 함께 건강기능식품으로 등재되어 있고, 미국항공우주국(NASA)의 우주인 식품으로도 각광받고 있는 슈퍼푸드라는 점을 고려한다면, 기존에 달기만 한 녹차 음료보다 영양적인 면에서 훨씬 건강하다고 볼 수 있습니다.

Flavor Note

matcha, white chocolate, semi sweet

1
2
3
4
5
6
7
8
9

INGREDIENTS	화이트 초콜릿 베이스(125p)	190g
	나리주카 맛차	30g
	우유(격불 시)	80ml
	우유(블렌더 사용 시)	100ml
VOLUME	360ml	

1 다완(찻사발)에 나리주카 맛차 30g을 담습니다.(1잔 분량)

2 우유는 60~65℃ 정도로 데워줍니다.

3 ①과 ②를 함께 격불합니다.

tip. 우유와 맛차와의 비율은 2:1이 적당합니다. 총 용량이 80g이 되도록 2회 격불하여 담아줍니다. 우유가 아닌 물을 사용하게 되면 냉동 시 빙질이 치밀해져 블렌더로 분쇄하기 어려울 정도로 단단해집니다.

4 ③을 전자레인지 사용이 가능한 300ml PP 용기나 실리콘 용기에 담고 영하 18℃ 냉동고에서 6시간 이상 냉동시킵니다.

5 ④에 125p의 방법으로 완성한 화이트 초콜릿 베이스 190g을 넣고 12시간 이상 냉동시킨 후 전자레인지에서 20초 정도 가열하여(1000w 기준) 용기에서 쉽게 분리될 수 있도록 합니다.

tip. 화이트 초콜릿 베이스 비율을 줄이면 맛차의 맛과 향이 보다 뚜렷해집니다.

6 블렌더에 ⑤와 우유 100ml를 넣고 분쇄한 후 컵에 담습니다.

7 프렌치 프레스로 우유 크림을 만들어줍니다.

8 ⑥에 ⑦을 가득 얹어줍니다.

9 맛차 파우더를 살짝 뿌린 후 제공합니다.

NOTE : 책에 소개된 나리주카 맛차를 꼭 사용할 필요는 없습니다. 취향에 맞는 재료를 끊임없이 찾고 연구하여 본인만의 시그니처 음료를 만들어보세요.

Deep Purple

다크 초콜릿 베이스에 상큼한 카시스(블랙 커런트) 퓌레를 더한 스무디 음료입니다. 사용된 브와롱 카시스 퓌레는 24 브릭스Brix로 표기되어 있어 단맛이 강할 것 같지만, 브릭스가 높다는 것은 단순히 당도만을 의미하는 것이 아니라 여기에 포함된 염, 단백질, 산 등도 포함한 수치를 말합니다. 다크 초콜릿 베이스와 카시스를 함께 교반시키면, 우유 단백질 성분이 카시스에 포함된 당과 산성 성분이 만나 강하게 엉기면서 요거트 스무디와 같이 아주 높은 점성의 음료가 만들어집니다. 키시스는 소량만으로도 초콜릿 향을 억누를 수 있는 몇 안되는 과일 재료이자, 안토시아닌 함량이 높아 최종 결과물이 매력적인 보라색을 띠는 과일입니다.

Flavor Note

cassis, dark chocolate, fruity

1
2
3
4
5

INGREDIENTS	다크 초콜릿 베이스(121p)	190g
	브와롱 카시스 퓌레	80g
	우유	100ml
VOLUME	150ml x 2 (2인)	

1 전자레인지 사용이 가능한 300ml PP 용기나 실리콘 용기에 브와롱 카시스 퓌레 80g을 담고 영하 18℃ 냉동고에서 6시간 이상 냉동시킵니다.

2 ①에 121p의 방법으로 완성한 다크 초콜릿 베이스 190g을 넣고 12시간 이상 냉동시킵니다.

3 ②를 전자레인지에서 20초 정도 가열하여(1000w 기준) 용기에서 쉽게 분리될 수 있도록 한 후 우유 100ml와 함께 블렌더에서 분쇄합니다.

4 작은 컵 2잔에 담아줍니다.
tip. 점도가 높은 음료이므로 바 스푼을 이용하여 긁어냅니다.

5 스푼과 함께 제공합니다.

NOTE : 한 잔 분량으로 만들기에는 블렌더 분쇄가 어렵고, 적은 양으로도 포만감이 큰 음료이기 때문에 2인 메뉴로 구성하는 것이 좋습니다.

Ramanujan

인도의 수학자 '스리니바사 라마누잔Srinivasa Ramanujan'의 이름을 딴 음료로, 지금은 미국에 거주하는 카이스트 수학 박사인 K님을 위한 헌정음료입니다. 밀크티를 좋아한 손님이었기에 화이트 초콜릿에 인도산을 포함한 여러 가지 홍차를 우려내어 만들었습니다.
한국을 떠나기 전 헌정음료의 이름과 문제 출제를 부탁드렸는데 그 문제는 아래와 같습니다.

Q 세제곱수의 합으로 표현할 수 있는 방법이 두 가지인 가장 작은 수
A $1^3+12^3 = 9^3+10^3 = 1729$

어려운 수학 문제이지만, 영화 '무한대를 본 남자'의 실존 인물이기도 한 라마누잔과 관련된 에피소드를 조금만 검색하면 나오는 '1729'라는 숫자를 맞춘 분께만 판매를 했던 이벤트 메뉴이기도 했습니다. 지금 생각해보면 귀찮을 법도 한데 많은 분들이 참여해주었고 손님과의 친분이 없었다면 이런 메뉴는 불가능하지 않았을까 싶습니다. 카페는 손님과 함께 소통하며 만들어가는 공간이라는 것을 느끼게 해준 저에게 아주 소중한 음료입니다.

Flavor Note
black tea, milk tea, semi sweet

1
2
3
4

INGREDIENTS	화이트 초콜릿 베이스(125p)	170g
	헤로게이트 요크셔골드 잎차	60g
	얼그레이 티백	2개
	우유(냉침용)	1000ml 이상
	우유(블렌더 사용 시)	100ml
VOLUME	360ml	

1 요크셔골드 잎차 60g, 얼그레이 티백 2개를 우유 1000ml에 혼합한 후 약불로 침출합니다.

tip. 냉장고에 보관 후 하루 이상 냉침하면 쓴맛을 줄일 수 있습니다. 기호에 맞게 24~72시간 냉침합니다. 장시간 냉침 시 밀폐용기를 사용합니다.

2 전자레인지 사용이 가능한 300ml PP 용기나 실리콘 용기에 ①을 100g 담아 영하 18℃ 냉동고에서 6시간 이상 냉동시킵니다. 여기에 125p의 방법으로 완성한 화이트 초콜릿 베이스 170g을 넣고 12시간 이상 냉동시킵니다.

tip. ①로 화이트 초콜릿 베이스를 만들면 밀크티 느낌을 더욱 뚜렷하게 낼 수 있습니다.

3 ②를 전자레인지에서 20초 정도 가열하여(1000w 기준) 용기에서 쉽게 분리될 수 있도록 한 후 우유 100ml와 함께 블렌더에 넣고 분쇄합니다.

4 홍차 잎을 살짝 뿌린 후 제공합니다.

NOTE : 1번 과정의 홍차 재료를 화이트 초콜릿 베이스에 넣어 냉침시키면, 화이트 초콜릿 특유의 우유취를 최대한 줄일 수 있습니다.

Gianduia Bianco

더운 여름철에 시원하게 마시는 미숫가루 한 잔은 풍부한 영양소와 든든함으로 더위를 이겨내는 데 많은 도움이 됩니다. 화이트 초콜릿과 100% 헤이즐넛 스프레드를 혼합하면 사뭇 비슷한 느낌의 건강 음료를 만들 수 있습니다. 헤이즐넛 버터는 미숫가루와 같은 걸쭉한 점성을 만들고 마지막 한 모금까지 특유의 고소한 느낌을 선사합니다.

헤이즐넛 생산량이 가장 많은 터키에는 '한 줌의 헤이즐넛이 평생의 건강을 지켜준다.'라는 속담이 있을 정도인데, 품종은 다르지만 우리나라에서도 '개암'이라 불리며 <동의보감>과 <조선왕조실록>에 '기력을 높여주고 활력을 넣어주는 견과'로 여러차례 기록되어 있습니다. 군복무 중에도 휴가 때마다 어김없이 르쇼콜라를 찾아준 고마운 손님이자 견과류를 특히 좋아하는 준우를 위한 헌정음료입니다.

Flavor Note

hazelnut, nutty, buttery

INGREDIENTS	화이트 초콜릿 베이스(125p)	180g
	헤이즐넛 스프레드	100ml
	우유	100ml
VOLUME	360ml	

1 헤이즐넛 스프레드와 우유를 핸드블렌더를 사용하여 1:1로 혼합한 후 전자레인지 사용이 가능한 300ml PP 용기나 실리콘 용기에 담아 영하 18℃ 냉동고에서 6시간 이상 냉동시킵니다.

tip. 우유를 살짝 데우면 쉽게 혼합할 수 있습니다.

2 ①에 125p의 방법으로 완성한 화이트 초콜릿 베이스 180g을 넣고 12시간 이상 냉동시킨 후 전자레인지에서 20초 정도 가열하여(1000w 기준) 용기에서 쉽게 분리될 수 있도록 합니다.

3 블렌더에 ②와 우유 100ml를 넣고 분쇄합니다.

4 컵에 담아 제공합니다.

NOTE : 헤이즐넛 시럽 향과 헤이즐넛 향은 완전히 다릅니다. 저는 기회가 있을 때마다 두 가지 차이점을 손님들에게 적극적으로 비교해 드렸습니다. 좋은 재료는 무엇이 어떻게 다른지 알리는 것도 마케팅의 일부입니다.

sôcôla-cà phê sữa đá

이제는 국내에도 많이 알려진 베트남식 아이스 연유 커피 '카페 쓰어 다'를 모티브로, 커피향이 가득한 초콜릿을 사용하여 프라페처럼 만든 음료입니다. 카카오바리 헤리티지 시리즈 중 페이보릿 카페 54%를 이용하여 다크 초콜릿 베이스와 같은 방법으로 기본 베이스를 만들고, 미리 추출한 베트남 G7커피를 차갑게 보관한 후 제공 시 연유와 함께 분쇄하면 달콤한 한 잔이 만들어집니다. 습도가 높은 무더운 날씨를 이겨내기에 그만인 음료입니다.

Flavor Note

coffee, dolce latte

INGREDIENTS	카카오바리 헤리티지 페이보릿 카페 54% 베이스	250g
	G7 인스턴트 커피	기호에 맞게 추출
	연유	25~30ml
VOLUME	300ml	

1 G7 커피를 미리 추출한 후 냉장고에 차갑게 보관합니다.

tip. 가급적 쓴맛이 강하도록 진하게 추출하면 연유를 첨가했을 때 대비가 뚜렷해집니다.

2 121p 다크 초콜릿 베이스를 만드는 과정과 동일한 방법으로, 페이보릿 카페 54%를 이용하여 베이스를 만든 후 전자레인지에서 20초 정도 가열하여(1000w 기준) 용기에서 쉽게 분리될 수 있도록 합니다.

3 블렌더에 ②와 ① 100ml, 연유를 넣고 함께 분쇄합니다.

4 컵에 담아 제공합니다.

NOTE : 코코넛 퓌레와 코코넛 밀크를 혼합한 베이스를 따로 얼린 후, 블렌더로 분쇄하여 가니쉬 하면 '코코넛 밀크 커피'가 됩니다.

Caramel & Strawberry

캐러멜의 달콤함은 '푸라니올[furaneol]'이라는 성분에 의한 것으로, 딸기에서도 발견되기 때문에 '스트로베리 푸라논[strawberry furanone]'이라고도 합니다. 캐러멜과 딸기의 달콤함은 같은 성분이라는 공통분모를 갖고 있는 셈이지요. 이처럼 두 가지 이상의 재료를 혼합할 때는 상충된 듯 하지만 비슷한 성분을 가진 것이라면 큰 실패 없이 페어링을 할 수 있습니다.

Flavor Note

caramel, strawberry, sweet

1
2
3
4

INGREDIENTS	카카오바리 골드	900g (단독 사용 시 15잔 분량)
	발로나 인스피레이션 스트로베리	900g (단독 사용 시 15잔 분량)
	우유(베이스 제조용)	3000ml
	우유(블렌더 사용 시)	100ml
VOLUME	300ml	

1 화이트 초콜릿 베이스를 만드는 과정과 동일한 방법으로, 카카오바리 골드를 이용하여 베이스를 만들어 전자레인지 사용이 가능한 300ml PP 용기나 실리콘 용기에 135g 담은 후 12시간 이상 냉동시킵니다.

tip. 카카오바리 골드 베이스 단독으로 270g을 채워 얼리면 '아이스 캐러멜 라테'가 됩니다.

2 125p 화이트 초콜릿 베이스를 만드는 과정과 동일한 방법으로, 발로나 인스피레이션 스트로베리를 이용하여 베이스를 만들어 ①에 135g 담은 후 다시 12시간 이상 냉동시킵니다.

tip. ② 180g, 스트로베리 퓌레 90g으로 함께 얼려 세트화하면 '스트로베리 화이트 초콜릿'이 됩니다.

3 ②를 전자레인지에서 20초 정도 가열하여(1000w 기준) 용기에서 쉽게 분리될 수 있도록 한 후 우유 100ml와 함께 블렌더에 넣고 분쇄합니다.

4 컵에 담아 제공합니다.

NOTE : 각각의 베이스를 만들 때 본 레시피를 따르지 않고, 같은 계열의 부재료(티, 시럽, 리큐어 등)를 첨가하면 보다 개성 있는 음료를 만들 수 있습니다.

Passionfruit, Mango & Orange

패션프룻은 처음 맛본 사람도 좋아할 만큼 매력적인 새콤한 맛을 내 초콜릿 가나슈 재료로도 많이 쓰이는 아열대 과일입니다. 최근에는 더워진 기온 탓에 국내에서도 '백향과'라는 이름으로 재배되고 있습니다. 발로나 인스피레이션 패션프룻을 사용하면 손쉽게 음료나 디저트에 응용할 수 있습니다. 트와이닝의 패션프룻, 망고&오렌지 티로 기본 베이스를 만들고, 브와롱 망고 퓌레와 오렌지 주스를 더해 시원하면서 여러 가지 과일향이 한껏 느껴지는 음료로 만들었습니다.

Flavor Note

passionfruit, mango, orange, fruity

1
2
3
4

INGREDIENTS	발로나 인스피레이션 패션프룻	900g (15잔 분량)
	브와롱 망고 퓌레	100g(1잔 분량)
	트와이닝 패션프룻, 망고&오렌지 티백	4개 (15잔 분량)
	오렌지 주스	100ml (1잔 분량)
VOLUME	360ml	

1 전자레인지 사용이 가능한 300ml PP 용기나 실리콘 용기에 브와롱 망고 퓌레 100g을 담은 후 영하 18℃ 냉동고에서 6시간 이상 냉동시킵니다.

2 트와이닝 패션프룻, 망고&오렌지 티백 4개와 함께, 125p 화이트 초콜릿 베이스를 만드는 과정과 동일한 방법으로 발로나 인스피레이션 패션프룻으로 베이스를 만들어 ①에 170g을 넣고 12시간 이상 냉동시킵니다.

tip. 티백은 미리 우유에 냉침하거나 따로 밀크티로 만든 후 베이스에 사용합니다.

3 ②를 전자레인지에서 20초 정도 가열하여(1000w 기준) 용기에서 쉽게 분리될 수 있도록 한 후 오렌지 주스 100ml와 함께 블렌더에 넣고 분쇄합니다.

4 컵에 담아 제공합니다.

NOTE : 본 레시피처럼 각 브랜드의 가향차는 여러 가지 재료를 페어링 하는 데 하나의 힌트가 될 수 있습니다.

Yuzu, Lime, Coconut

인도에 거주하는 어느 사업가가 수출용 유자를 알아봐 줄 수 있냐고 물었던 적이 있습니다. 우리나라를 포함한 중국, 일본에서는 유자를 쉽게 구할 수 있지만 인도, 동남아시아, 남미에서는 유자는 찾아보기 어렵고 대신 라임을 요리나 음료에 널리 사용하고 있습니다.

유자와 라임은 각자 고유의 신맛을 지닌 감귤속citrus에 속하면서, 휘발성 향기 성분의 갯수도 비슷하지만 테르펜terpinen 계열을 제외하고는 그 조성비와 구성이 완전히 다르기 때문에 향은 뚜렷하게 구분됩니다.

뜻밖의 요청으로부터 아이디어를 얻어 지정학적으로 서로 만나기 어려운 재료를 합쳐서 음료로 만들어 보고자 시도한 메뉴로, 재료의 특성상 신맛이 지나치게 강조될 수 있어서 유자는 발로나 인스피레이션으로 대체하고, 브와롱 라임 퓌레와 코코넛 퓌레를 혼합하여 달콤하면서 스무디와 같은 느낌으로 만들었습니다.

Flavor Note

yuzu, lime, coconut, citrus

1
2
3
4

INGREDIENTS	발로나 인스피레이션 유자	900g (15잔 분량)
	브와롱 라임 퓌레	50g (1잔 분량)
	브와롱 코코넛 퓌레	50g (1잔 분량)
	우유 또는 라임주스(마가리타)	100ml
	테킬라(마가리타)	30ml
VOLUME	360ml	

1 브와롱 라임 퓌레와 코코넛 퓌레를 1:1비율로 혼합한 후 전자레인지 사용이 가능한 300ml PP 용기나 실리콘 용기에 100g을 담아 영하 18℃ 냉동고에서 6시간 이상 냉동시킵니다.

2 125p 화이트 초콜릿 베이스를 만드는 과정과 동일한 방법으로 발로나 인스피레이션 유자로 베이스를 만들어 ①에 170g을 넣고 12시간 이상 냉동시킵니다.

3 ②를 전자레인지에서 20초 정도 가열하여(1000w 기준) 용기에서 쉽게 분리될 수 있도록 한 후 블렌더에 ②와 우유 100ml를 넣고 분쇄합니다.
tip. 우유 대신 라임 주스 100ml, 테킬라 30ml를 추가하면 프로즌 마가리타 스타일로 제공할 수 있습니다.

4 컵에 담아 제공합니다.

NOTE : 여러 종류의 과일 퓌레 혼합만으로도 다양한 조합이 가능하며, 여기에 티와 리큐어까지 혼합하면 그 가짓수는 전부 헤아릴 수 없을 정도로 많아집니다. 결국 새로운 음료를 개발하는 것은 요리에서 새로운 플레이버를 창조하는 것과 같은 맥락이라 할 수 있습니다.

Caramélia & Amande

이번에 소개할 음료는 제가 몸담고 있는 초콜릿 공방 카라멜리아의 이민지 셰프를 위한 헌정음료입니다. 회기동에서 르쇼콜라를 운영하던 1년째 되던 날, 인스타그램을 통해 함께 시너지를 일으킬 수 있는 파트너를 구하는 공지를 올렸고, 얼마 지나지 않아 이민지 셰프로부터 함께 하자는 제안을 받아 덕분에 현재 카라멜리아 공방에서 음료 수업을 하고 있습니다. 이 책을 내게 된 것도 저보다 앞서 초콜릿 책을 출간한 이민지 셰프의 추천 덕분입니다. 고마운 마음을 담아 공방 이름과 동명의 발로나 초콜릿을 베이스로 만들고, 요청대로 인스피레이션 아망드까지 더해 달콤하면서 견과향까지 느껴지는 매력적인 음료로 만들어보았습니다.

Flavor Note

caramel, almond, nutty, sweety, salted butter

1
2
3
4
5

INGREDIENTS	발로나 카라멜리아	900g (단독 사용 시 15잔 분량)
	발로나 인스피레이션 아망드	900g (단독 사용 시 15잔 분량)
	기라델리 캐러멜 시럽	적당량
	우유(베이스 제조용)	3000ml
	우유	100ml
	프랄린그레인	1~2tsp
VOLUME	360ml	

1 125p 화이트 초콜릿 베이스를 만드는 과정과 동일한 방법으로 카라멜리아를 이용해 베이스를 만들어 전자레인지 사용이 가능한 300ml PP 용기나 실리콘 용기에 135g을 담아 12시간 이상 냉동시킵니다. 동일한 방법으로 발로나 인스피레이션 아망드를 이용해 베이스를 만든 후 냉동시킨 카라멜리아 베이스 위에 135g을 담아 12시간 이상 냉동시켜 전자레인지에서 20초 정도 가열하여 (1000w 기준) 용기에서 쉽게 분리될 수 있도록 합니다.

2 컵 안쪽 면에 기라델리 캐러멜 시럽을 발라줍니다.

3 컵을 세워두면 시럽이 자연스럽게 떨어집니다.
tip. 고블렛 잔을 사용하면 더욱 캐주얼한 느낌을 연출할 수 있습니다.

4 블렌더에 ①과 우유 100ml를 넣고 분쇄한 후 ③에 담습니다.
tip. 취향에 맞게 우유 대신 아몬드 밀크를 사용해도 좋습니다.

5 프랄린그레인 1~2tsp을 뿌린 후 제공합니다.

NOTE : 각각의 베이스를 블렌더로 따로 분쇄하여 담으면, 음료에 층을 연출할 수 있습니다.

Part 07

초콜릿 칵테일 음료 레시피

바텐더를 하던 시절에는 초콜릿에 대한 이해가 많이 부족했습니다.
'크렘 드 카카오'라는 리큐어와 '컴파운드 초콜릿(당류가공품)'밖에 몰랐으니까요.
게다가 스피리츠와 리큐어는 비중 차이가 크지 않는 한 섞이기에 큰 무리가 없는 재료들입니다.
하지만 초콜릿은 전기적 성질이 없는 무극성 재료이기 때문에
강제로 혼합하기에 까다로울 수밖에 없습니다.
앞서 레시피들을 통해 초콜릿의 특성을 충분히 이해했다면
지금부터는 다양한 주류와의 혼합을 통해 다채로운 초콜릿 칵테일을 만들어 볼 차례입니다.

Chocolate Cocktail Recipe

Flor de Arriba

19세기 후반, 스위스 쇼콜라티에가 에콰도르 과야킬Guayaquil 상류를 거슬러 탐험하던 중 막 수확한 카카오를 싣고 강을 내려오던 농부들과 만났다. 그 배에 실려 있던 카카오는 유난히 풍부한 꽃향기를 내뿜었고, 순간 그 향에 매료된 쇼콜라티에가 농부들에게 물었다.

"그 카카오를 어디서부터 가져오는 것이오?"

농부가 손가락으로 지나온 방향을 가리키며 간단히 답했다.

"리오 아리바(Río arriba, 강 위쪽)."

그 이후 과야킬 상류 일대에서 수확한 카카오빈은 '아리바'라는 이름으로 전 세계에 수출되었고, 최고의 인기를 구가하여 에콰도르 카카오 역사상 가장 위대한 황금기를 맞이하였다.

위에서 소개한 이야기처럼 오늘날 에콰도르산 최고급 카카오를 논할 때 단연 아리바를 빼놓을 수 없는데, 아리바는 과야킬의 일반적인 카카오 중 하나로 주로 더치(반 후텐의 카카오 처리법에 의한) 코코아 파우더의 재료로 쓰이며, 4월부터 7월까지 수확한 카카오는 수페리오 썸머 아리바Superior Summer Arriba 라는 이름으로 상품적 가치가 높았다고 합니다.

아리바 전설의 배경 시기가 19세기 후반이라는 점과, 당시 초콜릿 회사들이 아프리카산 카카오로는 고급 밀크 초콜릿을, 다른 지역의 카카오로는 코코아파우더에 주력했다는 사실로 비추어볼 때, 오늘날 아리바에 대한 다소 지나친 평가는 크래프트 초콜릿으로서의 아리바가 아니라, 에콰도르 카카오 산업의 황금기를 일으켰던 코코아파우더로서의 아리바라는 사실이 더 설득력이 있습니다. 꽃향기를 내뿜었다는 이야기에 힌트를 얻어 향긋한 오렌지 리큐어인 그랑 마니에르Grand Manier와 초콜릿 향을 더욱 증폭시키고 미식적 쾌감을 더하기 위해 프랑스 게랑드산 소금을 약간 첨가하였습니다. 초콜릿과 알코올이 만났을 때 강한 점성을 나타내는 것을 이용하여 폰당 쇼콜라*처럼 만든 음료입니다.

*폰당 쇼콜라fondant chocolat : 영어로는 melting chocolate, 즉 액체 상태의 초콜릿을 의미

Flavor Note

coffee, dark chocolate, sweet, creamy, irish cream

Hot

Iced

Cocktail

pyrex
1
2
3
4
5
6
7
8

INGREDIENTS	카카오바리 플뢰르 드 카오 다크 초콜릿	50g
	우유	50ml
	그랑 마니에르	15ml
	게랑드 소금	한 꼬집
VOLUME	100ml	

1 계량컵에 카카오바리 플뢰르 드 카오 다크 초콜릿 50g을 담습니다.

2 커피 머신의 스팀을 이용해 우유 50ml를 60~65℃ 사이로 올려준 후 ①이 잠기게끔 우유를 넣어 줍니다.

3 삼각거품기로 잘 저어줍니다.

4 전자레인지에 ③을 넣고 20~30초 가열합니다.

5 그랑 마니에르 15ml를 ④에 넣어줍니다.

6 삼각거품기로 잘 저어준 후 컵에 옮겨 담습니다.
tip. 점도가 높은 음료이므로 작은 주걱을 이용하여 긁어냅니다.

7 게랑드 소금을 한 꼬집 넣어줍니다.

8 작은 스푼과 함께 제공합니다.

[알코올 도수(%) 계산법]

$$\text{알코올 도수} = \frac{(\text{재료의 알코올 도수} \times \text{사용량})+(\text{재료의 알코올 도수} \times \text{사용량})}{\text{재료의 총 사용량}}$$

예를 들어, 다크 초콜릿 50g, 그랑 마니에르(알코올 도수 40%) 15ml, 우유 50ml를 사용하는 음료의 경우 위의 공식에 대입해 계산하면 5.2% 도수의 음료로 계산할 수 있다.

$$\frac{(0 \times 50) + (40 \times 15) + (0 \times 50)}{50 + 15 + 50} = \frac{600}{115} = 5.2$$

Irish Cream Caffè Mocha

본래 모카(아라비아어, al-Mukhā)는 커피를 수출하는 예멘의 항구도시 이름입니다. 이곳에서 생산되는 커피에 초콜릿과 같은 향미가 있어, 이를 모티브로 에스프레소에 초콜릿 시럽을 넣어 만든 베리에이션 메뉴는 현재 모든 카페에서 흔하게 만날 수 있는 메뉴가 되었습니다.

일반 카페 모카와 구별되는 고급 메뉴를 만들고자 시럽(당류가공품)이 아닌 초콜릿에 에스프레소를 혼합하고, 여기에 아이리쉬 크림과 위스키가 혼합된 베일리스Bailey's를 크림처럼 만들어 얹어 달콤하고 부드러운 느낌을 한층 높였습니다.

사실 커피에서 초콜릿 향이 나는 이유는, 커피나 카카오의 로스팅 단계에서 발생되는 메일라드 반응Maillard Reaction 후반부인 스트레커 분해 과정에서 집중적으로 생성되는 피라진류pyrazines에 의한 것으로, 이는 초콜릿 특징을 구성하는 향 중에 가장 많은 부분을 차지하는 성분이기 때문입니다.

Flavor Note

coffee, dark chocolate, sweet, creamy, irish cream

1
2
3
4
5
6
7
8
9
pyrex

INGREDIENTS	칼리바우트 그라운드 다크 초콜릿	40g
	우유	100ml
	우유(가니쉬용)	50ml
	에스프레소 샷	40ml
	베일리스	30ml
	원두 또는 코코아파우더(가니쉬용)	적당량
VOLUME	200ml	

1 계량컵에 칼리바우트 그라운드 다크 초콜릿 40g을 담습니다.

2 커피 머신을 이용해 추출한 에스프레소 샷을 ①에 담고 삼각거품기로 잘 저어줍니다.

tip1. 에스프레소와 초콜릿의 비율은 1:1이 적당합니다.

tip2. 에스프레소, 초콜릿, 크림을 1:1:1 플로팅 기법으로 쌓으면 피에몬트어로 '작은 잔'을 뜻하는 비체린(Bicerin)이라는 음료가 됩니다.

3 커피 머신의 스팀을 이용해 우유 100ml를 60~65℃ 사이로 올려준 후 ②에 넣어줍니다.

4 삼각거품기로 잘 저어준 후, 전자레인지에서 20~30초 가열합니다.

5 전자레인지에서 가열되는 동안 프렌치 프레스에 우유 50ml를 넣고 부피가 두 배 이상이 되도록 프레싱합니다.

tip. 프렌치 프레스를 미리 냉장고에 넣어두면 쉽게 만들 수 있습니다. 프렌치 프레스는 우유를 보충해가며 당일 동안 계속 사용할 수 있으며 마감 시 세제로 세척합니다.

6 작은 계량컵에 ⑤와 베일리스 30ml를 함께 담고 전동 미니 거품기로 교반하여 크림처럼 만듭니다.

7 ④를 다시 한 번 삼각거품기로 잘 저어준 후 컵에 옮겨 담습니다.

8 ⑥을 ⑦에 가득 올려줍니다.

9 원두 1개 또는 코코아파우더로 가니쉬하여 제공합니다.

NOTE : 아이스 음료로 제공 시 153p '쇼콜라 카페 쓰어 다' 과정에서 연유를 빼고 나머지 과정은 동일하게 제조 후, 베일리스 크림을 얹어 제공합니다.

Fluid Sacher

오스트리아의 대표적인 초콜릿 케이크 자허토르테Sachertorte를 액체fluid로 표현한 핫초콜릿입니다. 딥 다크 초콜릿 베이스에 브와롱 살구 퓌레를 혼합하고, 아마레토Amaretto로 크림을 만들어 올렸습니다. 발음 때문에 아마레토를 아몬드 리큐어로 잘못 알고 있는 경우가 있는데, 본래의 뜻은 '쓴맛'을 의미하는 'amaro'에서 온 것이므로, 아몬드를 포함한 핵과(복숭아, 자두, 살구 등)를 모두 일컫는다고 볼 수 있습니다.

Flavor Note

dark chocolate, apricot, creamy

1
2
pyrex
3
pyrex
4
pyrex
5
6
7
pyrex
8
9

INGREDIENTS	칼리바우트 그라운드 다크 초콜릿	20g
	반 후텐 리치 딥 브라운	20g
	우유	200ml
	우유(가니쉬용)	50ml
	브와롱 살구 퓌레	20g
	아마레토	15ml
VOLUME	300ml	

1 계량컵에 칼리바우트 그라운드 다크 초콜릿과 반 후텐 리치 딥 브라운을 각각 20g씩 총 40g 담습니다.

2 커피 머신의 스팀을 이용해 우유 200ml를 60~65℃ 사이로 올려줍니다.

3 ①이 ②에 잠기게끔 우유를 넣고 삼각거품기로 잘 저어줍니다.

4 ③이 충분히 녹으면 브와롱 살구 퓌레 20g을 넣고 다시 삼각거품기로 잘 저어줍니다.

5 전자레인지에 ④를 넣고 20~30초 가열합니다.

6 전자레인지에서 가열되는 동안 프렌치 프레스에 우유 50ml를 넣고 거품을 만들어줍니다.

7 작은 계량컵에 ⑥과 아마레토 15ml를 담고, 미니 거품기로 교반하여 크림처럼 만듭니다.
*연출을 위해 식용 색소를 첨가하였습니다.

8 ⑤를 잘 저어준 후 컵에 옮겨 담습니다.

9 ⑦을 ⑧ 위에 그리듯이 돌려가며 얹어줍니다.

NOTE : 무알콜 음료로 제공 시 미리 아마레토를 살구 퓌레와 함께 플람베*하여 식힌 후 소스 용기에 소분하여 사용합니다.

* 플람베(flambé) : 센불로 조리 중인 요리에 와인 등으로 알코올을 이용하여 잡내를 제거하고 풍미를 더하는 요리법

Honeydang

한 달이 넘도록 새로운 메뉴 개발을 못할 정도로 심한 슬럼프에 시달린 적이 있었습니다. 그러던 어느 날, 아침 출근길에 몇 주째 지독한 감기로 고생중인 단골손님 상헌씨가 헌정음료를 만들어 달라고 요청했습니다. 인스타그램 아이디(honeydang, 애칭이 상'허니')에서 힌트를 얻었는지 선반에 놓여 있던 꿀이 눈에 들어왔고 감기 치료에 도움이 되고자 몸이 금세 따뜻해질 만한 음료를 만들었습니다.
꿀의 철분이 초콜릿의 탄닌 성분과 만나게 되면, 탄닌 산철로 바뀌어 함께 체외로 배출되기 때문에 영양 성분을 고스란히 취하고자 화이트 초콜릿을 사용하고 약간의 레몬 오일과 60종의 스카치 위스키, 히스heather 벌꿀, 그리고 허브가 첨가된 드램뷰Drambuie를 넣어 5분 만에 완성하였습니다. 너무나 마음에 들어 한 상헌씨 덕분에 저도 자신감을 얻었는지 허니당을 시작으로 새로운 음료를 끊임없이 만들 수 있었습니다. 다시 카페를 차리게 되면 허니당을 꼭 소개팅 메뉴로 넣어달라는 조언도 항상 기억하고 있습니다. 드램뷰Drambuie는 게일어로 'Buidheach - 사람을 만족시키는 음료'라는 뜻이 있으니 조언대로 성공적인 소개팅에 걸맞는 음료가 아닌가 싶습니다.

Flavor Note
warm, honey, sweet, sour, heather

1
2
3
4
5
6
7
8
9

INGREDIENTS	카카오바리 블랑 사틴 화이트 초콜릿	40g
	느램뷰	30ml
	꿀	적당량
	레몬 슬라이스	1장
	레몬 오일	3~4방울
	우유	200ml
VOLUME	300ml	

1 계량컵에 카카오바리 블랑 사틴 화이트 초콜릿 40g을 담습니다.

2 커피 머신의 스팀을 이용해 우유 200ml를 60~65℃ 사이로 올려준 후 ①이 잠기게끔 우유를 넣어 줍니다.

3 삼각거품기로 잘 저어줍니다.

4 전자레인지에 ③을 넣고 20~30초 가열합니다.

5 전자레인지에서 가열되는 동안 레몬 슬라이스를 준비하고 컵 바닥에 깔아둡니다.

6 ④에 레몬 오일 3~4방울을 넣어줍니다.

7 삼각거품기로 잘 저어준 후 ⑤에 옮겨 담습니다.

8 드램뷰 30ml를 넣고 4~5회 가볍게 저어줍니다.

9 꿀을 음료 위에 원을 그리듯이 뿌리고 제공합니다.

NOTE : 드램뷰와 같은 약초 계열의 리큐어도 초콜릿 조합에 과감히 쓰일 수 있습니다. 새로운 플레이버를 구현하기에 리큐어만큼 좋은 재료도 없다는 사실을 꼭 기억해두세요.

Blanc Blanc

르쇼콜라는 단골손님에게 하루를 마무리하는 사랑방 같은 공간이었습니다. 르쇼콜라 카페를 운영한 지 1년이 넘어가니 친한 손님들도 많이 생겼고, 퇴근길에 각자 마실 맥주를 사들고 오는 이른바 'BYOB[bring your own booze]' 파티도 자주 열었습니다. 블랑1664를 유난히 좋아하는 익현씨를 위해 만든 한정 음료로, 블랑1664와 아이스 화이트 초콜릿 베이스를 함께 얼린 후 특유의 오렌지 플레이버와 색상을 더욱 뚜렷하게 하기 위해 블루 큐라소 시럽을 첨가하고 앙고스투라 오렌지비터, 오렌지 제스트를 첨가하여 프로즌 칵테일 스타일로 만들어보았습니다.

Flavor Note

orange, frozen beer, freshness, citrus, orange bitter

1
2
ANGOSTURA
orange bitters
3
4
5
6

INGREDIENTS	화이트 초콜릿 베이스	용기 가득
	블랑1664	100ml
	우유(블렌더 사용 시)	100ml
	블루 큐라소 시럽	30ml
	앙고스투라 오렌지 비터	5~6방울
	오렌지 껍질	적당량
VOLUME	360ml	

1 전자레인지 사용이 가능한 300ml PP 용기나 실리콘 용기에 블랑1664를 100g 담은 후 영하 18℃ 냉동고에서 6시간 이상 냉동시킵니다.

tip. 탄산을 충분히 빼준 후 냉동시키면 빙질이 더욱 단단해집니다.

2 ①에 화이트 초콜릿 베이스를 넣고 12시간 이상 냉동시킵니다.

tip. 냉동 시 탄산이 빠지면서 공간이 많이 생기므로 용기 가득 담아줍니다.

3 ②를 전자레인지에서 20초 정도 가열하여(1000w 기준) 용기에서 쉽게 분리될 수 있도록 해 우유 100ml, 블루 큐라소 시럽 30ml, 앙고스투라 오렌지 비터 2dash(dash는 병을 잡은 채로 두 번 흩뿌리는 것을 뜻함. 1dash는 대여섯 방울 정도의 양)를 넣고 분쇄한 후 컵에 담습니다.

4 제스터(zester)를 이용하여 오렌지 껍질을 얇게 벗겨줍니다.

5 음료와 컵 주변에 트위스트 오렌지 필(twist of orange peel, 오렌지 껍질을 비틀어서 오일을 뿌리는 기법)을 합니다.

6 오렌지 필을 컵 주변에 바르거나 비틀어서 가니쉬하여 제공합니다.

NOTE : 음료의 온도가 차가울수록 발현되는 향은 약할 수밖에 없습니다. 본 레시피는 블랑1664의 기본 재료인 오렌지 껍질 향을 테마로 하여 각 과정은 부족한 향을 보충하여 더욱 뚜렷하게 만들기 위함입니다.

Cranachan

스코틀랜드엔 크로우디crowdie라는 커티지 치즈와 곁들인 꿀, 구운 오트밀, 크림이 한데 어우러진 아침식사가 있습니다. 이것을 모티브로 6월 라즈베리 추수를 기념하기 위해 가장 스코틀랜드다운 특별한 디저트로 발전시킨 것이 라즈베리와 스카치 위스키를 더해 만든 크라나칸cranachan입니다.
발로나 인스피레이션 라즈베리로 만든 베이스에 위스키로 불린 오트밀을 중간층에 꿀과 함께 채운 후, 위스키 크림으로 마무리하면 요거트와 같은 느낌으로 즐길 수 있는 디저트 음료가 됩니다.
재료만 따져보아도 '논란의 여지가 없는 스코틀랜드 디저트의 왕the uncontested king of Scottish dessert'이라 불리울 만 합니다. JL 디저트바의 플레이팅 디저트로 재해석한 크라나칸을 맛보고 이를 모티브로 하여 저스틴 셰프를 위한 헌정음료로 만들었습니다.

Flavor Note
raspberry, honey, cream, crunch, Scotch Whisky

1
2
3
4
5
6
7

INGREDIENTS	발로나 인스피레이션 라즈베리	900g (15잔 분량)
	오트밀(뮤즐리)	적당량
	위스키(뮤즐리)	적당량
	우유(블렌더 사용 시)	70ml
	우유 또는 생크림(가니쉬용)	70ml
	꿀	적당량
	그레나딘 시럽	30ml
	위스키(크림용)	15ml
VOLUME	360ml	

1 오트밀을 스카치 위스키에 불려줍니다.

2 125p 화이트 초콜릿 베이스를 만드는 과정과 동일한 방법으로 발로나 인스피레이션 라즈베리로 베이스를 만든 후 전자레인지 사용이 가능한 300ml PP 용기나 실리콘 용기에 170g을 담아 12시간 이상 냉동시킵니다.

3 ②를 전자레인지에서 20초 정도 가열하여(1000w 기준) 용기에서 쉽게 분리될 수 있도록 한 후 우유 70ml와 함께 블렌더에 넣고 분쇄해 컵에 담고 ①을 올려줍니다.

4 꿀을 적당량 뿌려줍니다.

5 작은 계량컵에 프렌치 프레스로 만든 우유 크림 70ml와 위스키 15ml를 넣어줍니다.
tip. 생크림과 우유를 1:1 혼합한 Half & half로 보다 무거운 느낌의 크림을 만들 수 있습니다.

6 미니 거품기로 교반하여 위스키 크림을 만듭니다.

7 음료 맨 위에 ⑥을 얹어 제공합니다.

NOTE : 라즈베리 퓌레를 더해 베이스를 만들면 음료의 점성이 더욱 높아져 오트밀을 가니쉬하기 용이합니다.

Lemon & Basil Granita

단골손님인 웅빈이가 스승의 날이라며 바질 화분을 선물해주었습니다. 뜬금없긴 했지만 늘 새로운 메뉴를 고민하는 저에게 있어 이런 뜻밖의 선물은 반가운 음료 재료가 됩니다. 100% 생 레몬즙에 바질 잎과 건조 바질, 샴페인을 넣고 24시간 냉침시키면 샴페인의 탄산에 의해 바질향이 더욱 진하게 우러납니다. 여기에 화이트 초콜릿 베이스를 더하여 얼린 후 블렌더로 분쇄하면 이탈리아식 빙수 그라니타granita가 완성됩니다. 그라니타는 달콤한 소르베sorbet와 달리 수분 함량이 높고 당도가 낮은 과일로 만들기 때문에 얼리면 얼음 결정이 많이 생기며, 이 얼음 결정이 화강암granite의 석영 결정체와 유사하다고 하여 붙여진 이름입니다.

Flavor Note

sweet & sour, cool mint

1
2
3
4
5

INGREDIENTS	화이트 초콜릿 베이스(125p)	170g
	브와롱 레몬 퓌레	1kg(1L)
	바질 잎	30g
	건조 바질	15g
	샴페인	750ml
	우유 또는 탄산수(블렌더 사용 시)	100ml
	페퍼민트 오일	적당량
	레몬(가니쉬용)	적당량
VOLUME	360ml	

1 브와롱 레몬 퓌레 1L에, 바질 잎 30g, 건조 바질 15g, 샴페인 750ml를 넣고 밀폐해 하루 동안 냉침시킵니다.

tip. 레몬 퓌레 대신 직접 착즙한 레몬을 사용해도 무방합니다.

2 전자레인지 사용이 가능한 300ml PP 용기나 실리콘 용기에 ①을 100g 담은 후 영하 18℃ 냉동고에서 12시간 이상 냉동시킵니다.

tip. 탄산을 충분히 빼준 후 냉동시키면 빙질이 더욱 단단해집니다.

3 ②에 125p의 방법으로 완성한 화이트 초콜릿 베이스 170g을 넣고 12시간 이상 냉동시킨 후 전자레인지에서 20초 정도 가열하여(1000w 기준) 용기에서 쉽게 분리될 수 있도록 합니다.

4 블렌더에 ③과 우유 또는 탄산수 100ml를 넣고 분쇄합니다.

tip1. 얼음 결정이 느껴질 수 있도록 블렌더를 짧게 사용합니다. 우유나 탄산수 대신 샴페인이나 와인을 더해 고급 메뉴로 제공할 수 있습니다.

tip2. 블렌더로 분쇄 시 페퍼민트 오일을 적당량 첨가하면 청량감이 더욱 크게 느껴지는 음료를 만들 수 있습니다.

5 컵에 담아 레몬 가니쉬를 올려 제공합니다.

NOTE : 레몬과 바질의 조합은 신선함을 상징합니다. 여기에 민트까지 더해주면 이만한 청량감은 어디서도 쉽게 경험하지 못하는 훌륭한 조합이 됩니다.

Amitié

르쇼콜라에서 늘 약속을 잡는 두 손님이 있었습니다. 메뉴 개발 초기 단계부터 자주 찾아준 고마운 단골손님이기도 해서 보답으로 헌정음료를 만들고자 재료 추천을 부탁드렸습니다.
한 분은 산딸기를, 다른 한 분은 리치를 추천해주었는데 처음에는 각각의 재료로 두 가지 헌정음료를 기획했으나 항상 두 분이서 같이 오는 모습이 부러울 정도로 보기 좋아서 '돈독한 우정'이라는 뜻의 아미티에Amitié로 이름 짓고 서로 다른 과일의 특징을 한 음료에 담아보았습니다.
프람보아즈의 짙은 농도에 다른 플레이버가 묻힐 수 있기 때문에 분쇄 시 네덜란드산 리치 리큐어인 콰이페와 장미수를 더해 마지막까지 향긋한 느낌이 들도록 만들었습니다. 칵테일의 빌드 방식을 응용한 음료입니다.

Flavor Note
cassis, dark chocolate, fruity

1
2
3
4

INGREDIENTS	다크 초콜릿 베이스(121p)	190g
	브와롱 리치 퓌레	40g (1잔 분량)
	브와롱 프람보아즈 퓌레	40g (1잔 분량)
	콰이페	30ml
	탄산수(블렌더 사용 시)	100ml
	장미수 또는 모닝 로즈 시럽	10ml
VOLUME	150ml x 2 (2인)	

1 브와롱 리치 퓌레와 프람보아즈 퓌레를 1:1 비율로 혼합해 전자레인지 사용이 가능한 300ml PP 용기나 실리콘 용기에 80g 담은 후 영하 18℃ 냉동고에서 6시간 이상 냉동시킵니다.

2 ①에 121p의 방법으로 완성한 다크 초콜릿 베이스 190g을 넣고 12시간 이상 냉동시킨 후 전자레인지에서 20초 정도 가열하여(1000w 기준) 용기에서 쉽게 분리될 수 있도록 합니다.

3 블렌더에 ②와 탄산수 100ml, 로즈 시럽 10ml, 콰이페 30ml를 넣고 함께 분쇄합니다.
tip. 우유 대신 탄산수를 사용하면 재료 본연의 향이 더욱 뚜렷한 음료가 됩니다.

4 컵에 담아 제공합니다.

NOTE : 본 음료는 리치, 라즈베리, 장미향을 한껏 키운 음료입니다. 우유보다는 탄산수로 만드는 것을 추천합니다.

Piñacolada

피나콜라다Piñacolada는 스페인어로 '파인애플이 무성한 언덕'이라는 뜻으로 여름철에 시원하게 즐길 수 있는 칵테일을 말합니다. 화이트 초콜릿 베이스에 코코넛 퓌레를 더해 아이스 음료에서 최대치로 느낄 수 있는 바디감을 강조하고 여기에 이름처럼 파인애플 링과 파인애플 주스까지 가득 담아 달콤함까지 더했습니다. 피나콜라다 믹스를 제대로 만들기 위해서는 11가지 이상의 재료가 필요하기 때문에 여기서는 피나콜라다 믹스를 사용해 간단히 만드는 법을 소개합니다. 럼을 더해 초콜릿 칵테일로도 제공할 수 있습니다.

Flavor Note

pineapple, milky, creamy, tropical

1
2
3
4
5

INGREDIENTS	화이트 초콜릿 베이스(125p)	180g
	피나골라다 믹스	30ml
	코코넛 밀크	30ml
	브와롱 코코넛 퓌레	30ml
	미니 파인애플 링	2개
	파인애플 주스	100m
	럼	선택
	미니 파인애플 링(가니쉬용)	1개
	건조 코코넛 펄프(가니쉬용)	적당량
VOLUME	360ml	

1 피나콜라다 믹스, 코코넛밀크, 브와롱 코코넛 퓌레를 1:1:1 비율로 혼합한 후 전자레인지 사용이 가능한 300ml PP 용기나 실리콘 용기에 90g 담아 영하 18℃ 냉동고에서 6시간 이상 냉동시킵니다.

2 ①에 125p의 방법으로 완성한 화이트 초콜릿 베이스 180g을 넣고 12시간 이상 냉동시킨 후 전자레인지에서 20초 정도 가열하여(1000w 기준) 용기에서 쉽게 분리될 수 있도록 합니다.

3 블렌더에 ②와 미니 파인애플 링 2개, 파인애플 주스 100ml, 럼(선택)을 넣고 분쇄합니다.

4 컵에 담습니다.

5 파인애플과 건조 코코넛 펄프 등으로 가니쉬하여 제공합니다.

NOTE : 럼을 추가해서 칵테일처럼 제공할 수 있습니다. 럼 대신 보드카를 넣으면 치치 'chi chi'라는 이름의 칵테일이 됩니다.

Perfectly Pink

아일랜드 더블린의 명물, 버틀러스Butler's 초콜릿의 제품을 모티브로 만든 음료입니다. 그 누구보다 제가 만든 음료를 항상 좋아해주신 단골손님 재성님이 맛보라고 건넨 한 조각의 초콜릿이 힌트가 되어 보답으로 만든 헌정음료이기도 합니다. 프람보아즈 퓌레에 그레나딘 시럽을 더해 달콤한 향과 붉은 선홍색을 한껏 키우고, 판매했을 당시 사용했던 화이트 초콜릿 대신에 발로나 인스피레이션 프람보아즈로 베이스를 만들어 혼합하고, 쓴맛을 내는 이탈리아의 붉은색 리큐어 캄파리Campari를 넣어 단맛을 적절히 조절하여 더욱 고급스러운 느낌으로 만들었습니다.

Flavor Note

raspberrry, grenadine, campari bitter

1
2
3
4

INGREDIENTS	발로나 인스피레이션 프람보아즈	900g (15잔 분량)
	우유(베이스 제조용)	3000ml
	우유 또는 토닉워터(블렌더 사용 시)	100ml
	브와롱 프람보아즈 퓌레	80g (1잔 분량)
	캄파리	20ml
	그레나딘 시럽	30ml
VOLUME	360ml	

1 전자레인지 사용이 가능한 300ml PP 용기나 실리콘 용기에 브와롱 프람보아즈 퓌레 80g을 담은 후 영하 18℃ 냉동고에서 6시간 이상 냉동시킵니다.

2 125p 화이트 초콜릿 베이스를 만드는 과정과 동일한 방법으로 발로나 인스피레이션 프람보아즈를 이용하여 베이스를 만든 후 ①에 190g을 넣어 12시간 이상 냉동시킨 후 전자레인지에서 20초 정도 가열하여(1000w 기준) 용기에서 쉽게 분리될 수 있도록 합니다.

3 블렌더에 ②와 우유 100ml, 그레나딘 시럽 30ml, 캄파리 20ml를 넣고 분쇄합니다.
tip. 우유 대신 토닉워터를 사용하면 쌉쌀한 맛이 매력적인 캄파리 토닉이 됩니다.

4 컵에 담아 제공합니다.

NOTE : 초콜릿 음료라고 해서 꼭 우유를 사용할 필요는 없습니다. 우유는 많이 교반시킬수록 지방구 수가 증가되어 거품이 많아지는데, 토닉워터를 사용하면 당분에 의한 점성 증가로 보다 밀도감 높은 음료를 만들 수 있으며 우유에 비해 상대적으로 적은 거품이 생성됩니다. 탄산이 있어 오히려 거품이 많이 생길 것 같지만, 블렌더를 사용하면 토닉워터에 포함되어 있는 이산화탄소가 빠르게 방출되고, 다른 재료가 더해져 기체가 액체에 녹는 전체 용해도가 달라지기 때문에 오히려 거품은 줄어들게 됩니다.

Banania

본래 바나니아[Banania]는 1914년에 프랑스 약사 피에르 프랑수아 라르데[Pierre-François Lardet]가 처음으로 바나나와 카카오를 결합하여 출시한 코코아파우더 제품의 이름입니다.
직접 맛을 볼 기회가 없어 다크 초콜릿과 바나나로 테스트를 해본 적이 있지만, 바나나의 거품을 제거하기가 어려워 브와롱 바나나 퓌레와 볼스 바나나 리큐어를 기본 베이스로 하여 화이트 초콜릿 음료로 만들어보았습니다. 취향에 따라 소개된 레시피와 다르게 코코넛, 라임, 망고, 패션프룻, 오렌지 리큐어 등 여러 가지 과일 재료를 혼합하여 다채롭게 즐길 수 있는 음료입니다.

Flavor Note
banana, milky

INGREDIENTS	화이트 초콜릿 베이스(125p)	180g
	브와롱 바나나 퓌레	90g (1잔 분량)
	우유(블렌더 사용 시)	100ml
	볼스 바나나 리큐어	15ml
VOLUME	360ml	

1 전자레인지 사용이 가능한 300ml PP 용기나 실리콘 용기에 브와롱 바나나 퓌레 90g을 담은 후 영하 18℃ 냉동고에서 6시간 이상 냉동시킵니다.

2 ①에 125p의 방법으로 완성한 화이트 초콜릿 베이스 180g을 넣고 12시간 이상 냉동시킨 후 전자레인지에서 20초 정도 가열하여(1000w 기준) 용기에서 쉽게 분리될 수 있도록 합니다.
tip. 발로나 인스피레이션 패션프룻으로 베이스를 만드는 방법도 추천합니다.

3 블렌더에 ②와 우유 100ml, 볼스 바나나 리큐어 15ml를 넣고 분쇄합니다.

4 컵에 담아 제공합니다.

NOTE : 볼스 바나나 리큐어 대신 그레나딘 시럽과 딸기 퓌레를 블렌더로 분쇄하면 '골드메달리스트'라는 무알콜 칵테일 음료가 만들어집니다.

파티시에, 쇼콜라티에와 같은 직업군은 넓은 가능성을 직접보고, 경험해보며 성장하는 분야입니다. 특정한 한 곳에서 모든 것을 배울 수 있는 곳이 많지 않아 더더욱 힘든 것이 초콜릿입니다.

아무것도 모르고 시작했던 지난 시간 동안, 발로 뛰어다니면서 배우고 경험했던 것들과 함께 초콜릿의 다양한 가능성을 보여드리고, 그 다음 자신이 원하는 본인만의 색이 입혀진 초콜릿을 디자인할 수 있도록 도와드리고 싶습니다.

다양한 가능성을 경험해보고, 그 다음 자신에게 필요한 것을 조금씩 채워가는 방향을 추천합니다. 초콜릿 전문 스튜디오 카라멜리아에서 그 성장의 발판을 마련해드리겠습니다.